空间碎片危机
——新空间时代的能力构建

Space Debris Peril: Pathways to Opportunities
——Capacity Building in the New Space Era

[瑞士] 马泰奥·马迪（Matteo Madi） 　著
　　　奥尔加·索科洛娃（Olga Sokolova）
　　　张昌芳　王文佳　刘达政　译

国防工业出版社
·北京·

著作权合同登记　　图字：01-2024-2215 号

图书在版编目（CIP）数据

空间碎片危机：新空间时代的能力构建 /（瑞士）马泰奥·马迪（Matteo Madi），（瑞士）奥尔加·索科洛娃（Olga Sokolova）著；张昌芳，王文佳，刘达政译. —北京：国防工业出版社，2024.8. — ISBN 978-7-118-13446-9

Ⅰ．X738

中国国家版本馆 CIP 数据核字第 2024D0X332 号

Space Debris Peril：Pathways to Opportunities—Capacity Building in the New Space Era/ by M.Mardi and O.Sokolowa/ISBN：9780367469450

Copyright ©2021 by CRC Press.

Authorized translation from English language edition published by CRC Press, part of Taylor & Francis Group LLC；All rights reserved. 本书原版由 Taylor&Francis 出版集团旗下 CRC 出版公司出版，并经其授权翻译出版。版权所有，侵权必究。

National Defense Industry Press is authorized to publish and distribute exclusively the Chinese (Simplified Characters) language edition. This edition is authorized for sale throughout Mainland of China. No part of the publication may be reproduced or distributed by any means, or stored in a database or retrieval system, without the prior written permission of the publisher. 本书中文简体翻译版授权国防工业出版社独家出版，并限在中国大陆地区销售。未经出版者书面许可，不得以任何方式复制或发行本书的任何部分。

Copyies of the book sold without a Taylor & Francis sticker on the cover are unauthorized and illegal.本书封面贴有 Taylor & Francis 公司防伪标签，无标签者不得销售。

※

国防工业出版社 出版发行

（北京市海淀区紫竹院南路 23 号　邮政编码 100048）

北京凌奇印刷有限责任公司印刷

新华书店经售

*

开本 710×1000　1/16　插页 4　印张 12¼　字数 238 千字

2024 年 8 月第 1 版第 1 次印刷　印数 1—1200 册　定价 90.00 元

___

国防书店：（010）88540777　　书店传真：（010）88540776

发行业务：（010）88540717　　发行传真：（010）88540762

序

空间是无限的,我们可以在空间中随心所欲地部署卫星、航天器和载人空间站……这个我们一直认为是正确的信念,现在仍然正确吗?

最近的空间碎片威胁让许多人质疑这一观点。空间,尤其是地球附近的空间已不再是无限的。

空间一直在为我们提供一个"资源空间",我们可以在其中部署卫星和其他人造物体。就像地球上的石油、煤炭、铀和稀有金属等资源一样,这种"资源空间"也不是无限的。如果我们不顾一切地持续使用这些资源,那么它最终将会枯竭,而且枯竭日期可能并不遥远。

有些人可能在电影《地心引力》中看到过碎片危机,通信卫星碰撞产生的碎片损坏了航天飞机,危及了机组人员生命,同时也破坏了国际空间站。2009年,现实世界中发生的同类型碰撞就产生了1000多块碎片。空间物体的飞行速度,特别是两个空间物体的相对飞行速度有时会超过10千米/秒,这使得厘米级的小碎片都会成为危险的"子弹"。此外,虽然从地面可以监测到10厘米以上的大型碎片,但看不到更小的碎片,这是非常危险的,是一种看不见的威胁。

然而,大多数人都不了解现在的碎片威胁有多严重,以及未来这种威胁将会如何扩大。如果地球周围的空间充满碎片,不仅无法安全地将卫星部署在轨道上,而且人类的空间活动也会受到很大的阻碍。我们相信,未来人类会在空间旅行和生活,但地球周围的碎片将是人类向空间前进的巨大危险。

也许最近迅速增加的小卫星加剧了碎片的威胁,但我们也应该牢记,过去发射到空间的物体,包括火箭末级、大小不一的卫星、各种活动中丢弃的部件(如卫星和火箭之间的适配器)都可能是碎片源,也就是说,不仅仅只有小卫星才是罪魁祸首。我们应该对碎片有正确的认识:现在碎片威胁程度如何,哪种类型的碎片会对一般的空间活动构成较大威胁,哪种行动最适合控制它们。

从事卫星研究的工程师应该遵守一条规则,即卫星在完成任务后必须从轨道上移走。然而,有时这项措施可能还不够,在这种情况下,我们应该"清理空间",这是主动清除碎片的概念,我们在这方面还面临很多技术挑战。例如,如何改变轨道以与目标碎片进行交会,如何捕获通常处于翻滚状态的目标,以及捕获后如何让碎片的轨道高度降低到大气层中再被烧毁。这些问题最终将在技术上得到解决，但难题是谁会愿意承担那些寿命结束后仍留在轨道上的旧卫星或火箭的清除费用。为了找到有效解决这些问题的办法，我们需要组织有关法律问题的国际讨论、谈判和提议。

我们现在要做的最重要的事情就是了解空间碎片的真实情况，以及有什么样的选择来解决这些问题。相信本书能帮助读者全面了解当前的空间碎片问题。本书将详细阐述和讨论国际框架内关注的两个重要概念——空间态势感知和空间交通管理。本书有两章专门讨论空间碎片问题的工程方面，即如何将碎片从轨道上清除；接着重点讨论与空间碎片有关的法律和政策问题，包括机构间组织和联合国制定的国际准则；然后是对空间碎片的评估和对其清除项目的回顾。本书还讨论了空间碎片问题对新空间时代人类外层空间活动的影响，并概述了社会参与这一问题的潜在机会。

本书提供了关于空间碎片的最新知识，以及如何从法律、技术、经济和社会等方面解决这一问题的独到见解。强烈建议每一个从事空间开发和利用的人，甚至非专业人士读一下本书，思考一下人类应该如何面对这个问题。

东京大学教授：中须贺真一
2020年5月于日本东京

前　　言

新空间时代空间活动的变化，在天基风险形势方面掀开了新的一页。空间碎片威胁被认为是危及现代社会安全和福祉的新兴威胁。因此，提高社会对这一问题的认识是必需的。在这种考虑下，我们撰写了本书，旨在从法律到社会经济的方方面面覆盖空间碎片问题的研究，同时也为当前包括美国、日本、俄罗斯、澳大利亚和欧洲等国家在内的国际空间碎片问题立法准备与技术发展趋势提供可靠的参考。

本书展示了空间碎片风险是如何随时间演变的，并从法律、政治、经济、社会和技术领域概述了业界当前面临的挑战。本书试图描述可信的风险是什么，并为如何减轻负面后果提供建议。作者来自活跃在空间碎片减缓、空间政策和法律以及空间态势感知领域的世界知名大学、研究机构和私营商业部门。本书适用于普通公众、科学界、决策者、业务经理、承保人（再保人），以及空间运行和轨道碎片减缓国际标准制定者。此外，由于空间碎片的主题和清理空间的重要性正在演变，并逐渐引起公众的兴趣，预计本书将在各部门非专业人士中吸引更广泛的读者。

本书首先描述了空间碎片的危机性质，然后回顾了该危机性质的历史和现状。来自空间标准和创新中心的 Dan Oltrogge 和分析图形公司（Analytical Graphics Inc.，AGI）商业空间运营中心的 James Cooper 分别对空间态势感知和空间交通管理（STM）的概念进行了深入研究。慕尼黑科技大学的 Michael Clormann 和维也纳大学的 Nina Klimburg-Witjes 就处理空间碎片的社会技术观点所作的讨论支撑了这一认识。接下来是"技术挑战和当前发展"部分，这部分由两章组成。首先，由俄罗斯高级研究人员 Andrey Baranov 和 Dmitriy Grishko 撰写的技术章节概述了从各轨道清除空间碎片的技术建议；其次，东京科学大学教授 Shinichi Kimura 向读者介绍了基于商用现货（Commercial-off-the-shelf，COTS）技术的最新空间碎片减缓方法。后续部分主要讨论法律和政策问题。西悉尼大学法学院的 Steven Freeland 和来自布鲁塞尔律师协会（Brussels Bar）的 Lucy Stewardson 探讨了与空间碎片减缓和补救有关的不可避免的法律和政策问题。来自巴黎的高级律师 Cécile Gaubert 总结了空间碎片问题造成的风险链，以及不同利益相关者（尤其是保险市场）缓解风险的解决方案。风险分析师 Olga Sokolova 谈到了空间部门弹性评估和与空间碎片有关的风险治理问题。

最后，从法律、技术、经济和社会等方面阐述了空间碎片危机如何为提高现代社会弹性创造新的机会。

  纸质书读者可以在图书产品网页上访问本书中灰度图的彩色版本，访问地址：https: //www.routledge.com/9780367469450。此外，电子书还包含了丰富多彩的图像。

苏黎世联邦理工学院博士，
西林轨道系统公司：马泰奥·马迪
2020 年 5 月于瑞士苏黎世

关于撰稿人

　　Andrey A. Baranov 是俄罗斯科学院凯尔迪什应用数学研究所空间飞行动力学系的首席研究员，俄罗斯人民友谊大学的理科博士和教授。主要研究轨道机动装置的优化和轨道维护领域，还专注于在轨服务、活动空间碎片清除任务和卫星防撞、近地和深空任务设计。他开发了一个关于如何优化轨道机动装置参数的新理论，该理论被广泛应用并得到国际认可，例如，这个新理论的结果被用于 ATV 任务。Andrey A. Baranov 是空间探索的一个强有力的贡献者。他已经参与了 140 多个不同航天器的飞行控制。他还是国际宇航科学院的通信成员，并获得了荣誉勋章（俄罗斯）和二等功勋章（俄罗斯）。他发表了 100 多篇文章，出版了 2 本书，并获得了 2 项专利。

　　Michael Clormann 是慕尼黑工业大学社会技术中心的科学助理和博士生。他的研究重点是目前在"新空间时代"这一总称下进行变革的社会技术影响。他专门考虑了与空间碎片这一不断上升的挑战有关的可持续性的社会影响。此外，他还探讨了欧洲空间部门内机构和政治创新文化的变化。他是外层空间社会研究网络的共同创始人。

　　Jim Cooper 于 2016 年 8 月加入分析图形公司，担任高级系统工程师，为美国和国际政府组织的 ComSpOC/空间态势感知解决方案业务部门提供支持。他支持向世界各地的政府和军事组织提供商业空间态势感知解决方案的战略和业务执行，包括战略追求和发展大型长期项目机会与企业账户。Cooper 先生在空间态势感知政策、运营、国际参与和资金支持方面有超过 30 年的专业经验。在加入分析图形公司之前，Cooper 先生为美国空军情报部提供了 16 年的 SETA 支持，并在空间态势感知任务领域为美国太空司令部情报部提供了 3 年的支持。在这个职位上，他在规划、计划、预算和执行（Planning Programming Budgeting and Execution，PPBE）过程中倡导空间态势感知，支持空间态势感知的业务关注和政策发展，并为美国空军情报部进行空间态势感知的国际参与。1985 年从美国空军学院获得学士学位后，Cooper 先生在美国空军服役 8 年，担任科罗拉多州夏延山空军基地空间监视中心的轨道分析员和科罗拉多州洛里空军基地的本科空间培训主教官。从美国空军离职后，他作为一名商业潜水员在油田支持和内陆海洋设施检查方面工作了 4 年。Cooper 先生与 Sarah Cooper 女士结婚，他们是两个孩子（13 岁的 Zachary 和 9 岁的 Elizabeth）的父母。

Steven Freeland 是澳大利亚西悉尼大学的国际法教授。他还是维也纳大学的客座教授，哥本哈根大学 iCourts 国际法院卓越中心的永久客座教授，香港大学的兼职教授，伦敦空间政策和法律研究所的高级研究员，图卢兹大学的客座教授，以及麦吉尔大学航空航天法研究中心的副会员。他曾代表澳大利亚政府出席联合国空间会议，并就与空间活动的国家和国际监管以及国家空间产业战略发展有关的问题向各国政府提供咨询。他被联合国和平利用外层空间委员会任命，共同领导有关探索、开发和利用空间资源的多边讨论，并被澳大利亚政府任命为澳大利亚航天局咨询小组成员。除此之外，他还是国际空间法研究所的主任，以及国际法协会和国际律师协会空间法委员会的成员。

Cécile Gaubert 是在法国巴黎律师协会注册的律师。她在航空和空间活动领域开展工作。Cécile 曾是法国 Marsh 公司航空和空间部的法律与索赔主管。Cécile 拥有巴黎第十一大学的法学硕士学位和欧洲空间法中心夏季课程的证书。目前，她是法国航空和空间法协会空间委员会的主席。Cécile 发表了几篇与空间保险有关的文章，并在学术会议上发表了关于小型卫星、全球卫星导航系统的信号可靠性、空间旅游、空间碎片等具体专题的演讲和发言。Cécile 是不同的空间相关机构的成员，包括空间和电信法发展研究所（Institut pour le Développement du Droit de l'Espace et des telecommunications，IDEST）和国际空间法研究所（International Institute for Space Law，IISL）。她还被邀请到法国大学参加空间和航空保险方面的讲座。

Dmitriy A. Grishko 是莫斯科国立鲍曼技术大学理论力学系的副教授、物理数学博士。他主要研究轨道机动优化和空间飞行动力学领域。他还专注于主动的空间碎片清除任务和卫星星座。他在低地球轨道和地球静止轨道的主动碎片清除任务框架内提出了一种支撑有效飞越方案的方法。Dmitriy 被授予 S.P. Korolev 奖章（俄罗斯）和莫斯科国立鲍曼技术大学的"最佳青年教授"徽章。他是 25 篇以上出版物和 1 项专利的作者。

Shinichi Kimura 于 1988 年在日本东京大学获得药理学学士学位，1990 年和 1993 年分别在日本东京大学研究生院获得药理学硕士和博士学位。1993 年，他加入了通信研究实验室（该实验室于 2004 年转为国家信息和通信技术研究所），并从 2004 年起担任智能卫星技术组的组长。2007 年，他调到东京科学大学担任副教授，2012 年成为教授。他一直从事空间机器人和自主控制技术，以维护电信卫星。他在 STS-87 的机械臂飞行演示、工程试验卫星Ⅶ（第一颗遥操作机器人卫星）、可展开天线的视觉分析实验（大型展开式反射实验）、微型实验室卫星和日本实验模块上的机器人实验等方面进行了实验。他开发了各种天基设备，如伊卡洛斯飞行器（Interplanetary Kite-craft Accelerated by Radiation of the Sun，IKAROS）和小行星探测器 Hayabusa-2 的视觉监测系统。

他参与了各种涉及空间碎片减缓技术问题的研究和开发。他的技术也用于私人部门的空间碎片减缓任务。

Nina Klimburg-Witjes 是维也纳大学科学技术研究系的大学助理和博士后研究人员。在她从事的科学技术研究和关键安全研究的交叉工作中，探索了技术创新和知识实践在安全化过程中的作用。Nina 跟踪行业、政治机构和用户之间的纠葛，对社会技术脆弱性的想象如何随着安全设备和政策一起产生，以及新的安全技术如何与隐私和民主问题相互作用感兴趣。Nina 在安全问题上发表了大量关于卫星图像的文章，编写了一本关于传感器作为跨国安全基础设施的书（2020 年出版），目前正在撰写关于欧洲阿丽亚娜运载火箭的专著。

Matteo Madi 是一位企业家、业务经理和空间技术专家，在瑞士和国际公共及私营部门有超过 10 年的工作经验。他作为首席研发工程师和项目经理参与了各种太空任务的开发过程。Madi 在瑞士洛桑联邦理工学院（Federal Institute of Technology Lausanne，EPFL）获得了电气工程和空间技术的硕士学位（2011年）和博士学位（2016 年）。他于 2016 年在欧洲太空研究和技术中心（European Space Research and Technology Centre，ESTEC）工作，在欧洲航天局的网络/合作倡议（Networking/Partnering Initiative，NPI）项目框架下，重点研究实现紧凑型成像光谱仪的关键技术。他在欧洲专利局获得了 3 项授权专利，其中 1 项是由欧洲太空研究和技术中心的技术转让和企业孵化办公室（Technology Transfer & Business Incubation Office，TTBO）支持的联合专利。作为业务经理，他一直积极为风险资本、初创企业、瑞士和国际机构提供咨询、战略建议和市场开发支持，并为使政策与最新的市场/技术趋势保持一致做出贡献。为应对新兴空间市场的新需求，Matteo Madi 于 2019 年在瑞士苏黎世成立了西林轨道系统股份公司，旨在开发卫星在轨服务（On-Orbit Servicing，OOS）的赋能技术。

Dan Oltrogge 是分析图形公司空间标准和创新中心主任。Oltrogge 先生领导了空间安全联盟的成立，并担任该联盟的管理人员。他也是空间数据中心的项目经理，分析图形公司商业空间运营中心（Commercial Space Operations Center，ComSpOC）的首席政策和分析专家，并经常撰写技术论文和同行评审的期刊文章。Oltrogge 先生在 ISO、CCSDS、CONFERS、ANSI、IAA 和行业协会的支持下，为许多空间运行和碎片减缓国际标准和最佳做法的发展做出了贡献。他关注的技术领域包括空间碎片、发射和轨道运行、碰撞规避、射频干扰减少、空间态势感知和空间交通协调与管理。

Olga Sokolova 是一位具有工程和工商管理背景的风险分析师。她于 2017 年在圣彼得堡理工大学获得博士学位。她的研究兴趣在自然和技术灾害的关键基础设施风险评估领域。她一直从事可供公众使用且面向可持续未来的结构性风险管理工具的开发和分析。Olga 与多个实体合作，包括瑞士再保险有限公司（Swiss Re）、瑞士洛桑联邦理工学院、保罗·舍勒研究所（Paul Scherrer Institut，PSI）和斯坦福大学。2014 年，她作为主要作者在瑞士再保险有限公司出版了一本关于空间天气挑战及其对电网运营商和工业威胁的手册。她在提高社会对"新空间"产业发展给社会带来的空间风险和机会认识方面有一些成绩。Olga 经常在相应的活动中分享她对空间产业风险的想法。Sokolova 女士在发展特别风险模型验证、质疑假设和建模过程的适当性以及风险治理方面做出了贡献。

Lucy Stewardson 在比利时布鲁塞尔自由大学获得法学硕士学位，她的专业是公法和国际法。目前，Lucy 在布鲁塞尔律师事务所担任国际仲裁律师。

目 录

第1章 空间碎片危机 ·· 1

第2章 塑造我们对空间运行环境的认知 ··· 4

2.1 空间态势感知和空间交通管理的介绍 ·· 4
2.2 空间态势感知和空间交通管理的定义 ·· 5
    2.2.1 空间态势感知 ··· 5
    2.2.2 空间交通管理 ··· 7
2.3 什么是空间环境管理以及它适用于哪些地方 ··································· 9
2.4 空间交通管理是否应该包含监管、监测和执行 ······························· 9
2.5 合适法律框架的重要性 ·· 10
    2.5.1 全球相关空间态势感知和空间交通管理的属性 ·················· 10
2.6 如何评估交会 ·· 11
2.7 是什么让空间态势感知和空间交通管理如此具有挑战性 ················ 13
2.8 谁来提供空间态势感知和空间交通管理服务 ································· 14
    2.8.1 传统的空间态势感知和空间交通管理服务 ························· 15
    2.8.2 其他的全球空间态势感知和空间交通协调提供者 ··············· 18
    2.8.3 定义商业空间态势感知和空间交通管理选项 ····················· 20
    2.8.4 空间态势感知和空间交通管理商业服务选项的历史 ·········· 20
    2.8.5 描述空间态势感知性能 ·· 21
2.9 作为空间环境长期可持续发展基础的空间态势感知和空间交通管理 ··· 23
2.10 高质量空间态势感知和空间交通管理的重要性 ···························· 24
2.11 空间态势感知和空间交通管理标准的重要性 ······························· 26
2.12 空间态势感知和空间交通管理标准的适用场合 ··························· 27
2.13 空间数据交换的极端重要性 ··· 29
2.14 算法真的很重要：火箭科学更是如此 ··· 30
2.15 算法和输入：综合性全源数据融合场景 ······································ 31
2.16 迫切需要改进空间态势感知和空间交通管理的情况 ····················· 34
    2.16.1 当前的空间碎片环境 ··· 34

XI

2.16.2 碰撞已经在发生 ·· 36
2.16.3 空间中碰撞和爆炸的长远影响 ·· 36
2.16.4 操作人员已经在努力开展响应性操作、识别和避免碰撞 ······· 38
2.16.5 活跃卫星的数量可能增加 10 倍 ·· 39
2.16.6 跟踪到的碎片数量可能增加 10 倍 ······································· 40
2.16.7 交会与接近操作和在轨服务的出现 ······································ 40
2.16.8 更多的商业和国际空间运营中心 ··· 41
2.16.9 比之前需要更多的空间交通协调 ··· 41
2.16.10 空间行为者的增加 ··· 41
2.16.11 不断增加的空间飞行器和操作复杂性 ································· 41
2.16.12 更先进的空间态势感知处理算法和可扩展的体系结构 ·········· 42
2.17 关于空间态势感知和空间交通管理的总结 ··································· 42
缩略语 ·· 42
词汇表 ·· 44
延伸阅读 ··· 48
参考文献 ··· 49

第 3 章 空间碎片可持续性：理解和参与外层空间环境 ·························· 52
3.1 引言 ··· 52
3.2 科技研究视角的观点 ··· 53
3.3 空间碎片和社会技术可持续性挑战 ··· 54
    3.3.1 有限边界、有限环境下的空间可持续性 ······························· 55
    3.3.2 作为一个安全问题的空间可持续性 ······································ 56
3.4 作为一种双向风险现象的空间碎片 ··· 58
3.5 本章小结 ··· 59
缩略语 ·· 60
词汇表 ·· 61
延伸阅读 ··· 61
参考文献 ··· 62

第 4 章 最拥挤轨道空间碎片的离轨/转轨方法概述 ······························ 64
4.1 引言 ··· 64
4.2 空间碎片离轨或转轨的工程解决方案 ·· 65
    4.2.1 系绳系统 ·· 65
    4.2.2 电动系绳 ·· 67
    4.2.3 机械臂 ··· 67
    4.2.4 非接触式激光系统 ··· 69

4.2.5　非接触式离子束系统 69
　　4.2.6　太阳帆和可展开的附加气动舵面 69
4.3　空间碎片群的飞越优化 70
　　4.3.1　大型空间碎片移到处置轨道的方式和目标物体之间的转移方案 70
　　4.3.2　低地球轨道空间碎片离轨到处置轨道的第一种转移方案建议 71
　　4.3.3　低地球轨道空间碎片离轨到处置轨道的第二种转移方案建议 73
　　4.3.4　在低地球轨道中确定空间碎片转移序列的复合解决方案 74
　　4.3.5　地球静止轨道空间碎片转轨到处置轨道的转移方案 75
4.4　空间公司和机构的项目概况 76
　　4.4.1　轨道服务问题：碎片主动清除技术发展的关键载体 76
　　4.4.2　欧洲服务任务项目 78
　　4.4.3　美国服务任务项目 79
　　4.4.4　日本服务任务项目 81
　　4.4.5　太阳帆任务：航天器使用寿命结束时被动离轨的可用技术 81
4.5　本章小结 82
缩略语 82
词汇表 83
延伸阅读 84
参考文献 84

第5章　基于商用现货技术的空间碎片减缓 90
5.1　引言 90
5.2　与目标碎片交会时的制导和导航技术 93
5.3　用于智能空间相机的商用现货技术 94
　　5.3.1　热真空条件 94
　　5.3.2　辐射条件 95
5.4　利用商用现货技术进行空间碎片清除的视觉制导和导航系统 96
　　5.4.1　系统架构 97
　　5.4.2　电力系统 97
　　5.4.3　用于图像预处理和接口的现场可编程门阵列 99
　　5.4.4　软件实现和开发环境 99
　　5.4.5　空间机器人方面取得的成就 99
5.5　本章小结 101
缩略语 101
词汇表 102
延伸阅读 102

参考文献 ··· 103

**第 6 章 解决不可避免的问题：与空间碎片减缓和补救相关的
法律和政策问题** ··· 108
6.1 引言 ··· 108
6.2 空间碎片：一个紧迫的问题 ····································· 109
6.3 目前关于空间碎片的国际法律框架 ····························· 110
6.4 空间碎片减缓：主要国际指南概述 ····························· 112
    6.4.1 IADC 指南和 COPOUS 指南的内容 ······················· 113
    6.4.2 关于空间碎片减缓的不足和机会 ··························· 115
6.5 空间碎片补救：法律问题和潜在答案 ··························· 116
    6.5.1 补救路上的法律障碍 ·· 116
    6.5.2 补救的机会和可能的解决方案 ······························ 118
6.6 本章小结 ··· 118
缩略语 ··· 119
词汇表 ··· 119
延伸阅读 ··· 120
参考文献 ··· 120

第 7 章 在空间碎片问题背景下的空间活动风险评估 ············· 124
7.1 引言 ··· 124
7.2 空间碎片相关的风险 ··· 125
    7.2.1 空间碎片的法律环境 ·· 126
    7.2.2 与空间碎片有关的风险 ····································· 129
    7.2.3 与碎片清除项目有关的风险 ································ 130
7.3 面向保险市场的风险转移 ·· 131
    7.3.1 现有的空间保险覆盖范围 ·································· 131
    7.3.2 应用到空间碎片领域 ·· 133
7.4 空间保险的可能发展 ··· 136
    7.4.1 空间保险市场概述 ·· 136
    7.4.2 保险支持：思路 ··· 137
7.5 本章小结 ··· 138
缩略语 ··· 138
词汇表 ··· 138
延伸阅读 ··· 139
参考文献 ··· 140

第 8 章 空间部门的弹性及其治理方法 ······························ 142

8.1 将天基资产作为关键基础设施：基础设施相互影响的灾难场景……142
8.2 天基基础设施的弹性定义和衡量指标……149
8.3 从科学到风险治理……155
8.4 将空间碎片作为系统性风险引入……160
8.5 结论：走向风险转移……161
缩略语……163
词汇表……165
延伸阅读……165
参考文献……166

第9章 机会之道……174

第1章 空间碎片危机

Olga Sokolova

"危机",在字面上被定义为一种严重而紧迫的危险。历史上,公众对空间危害的认识曾经是少数国家关注的问题,这些国家执行了实际的空间科学任务。但是,新空间时代空间活动的增加以及依赖空间系统的地基基础设施数量和种类的增加改变了这种情况。新空间基础设施正在发展成为一种新的骨干系统,其可靠运行对社会福祉和经济稳定具有决定性意义。在空间风险中,空间天气是普通公众认识程度最高的风险。早在 2011 年,经济合作与发展组织(Organisation for Economic Co-operation and Development,OECD)就将空间天气定义为未来的全球冲击。因此,一些国家制订了评估风险的计划,并将其纳入国家风险组合。这些国家包括领土国家以及传统上被认为是"高风险"的地区和"低风险"的国家。在科学研究支撑下的公众讨论改变了人们对风险及其后果的理解。

空间碎片风险被认为是一种新兴风险。这是基于以下假设:空间碎片环境的快速发展,天基和地基基础设施之间日益增强的相互联系,用于空间碎片问题评估和减缓的新技术发展。量化新兴风险是一项困难的任务,还没有充分了解它们对商业的潜在影响。也就是说,新兴风险可以归类为一种让风险管理者夜不能寐的危机。虽然"风险"和"危机"两个术语经常互换使用,但在本书中考虑以下定义:"风险"是一种导致不利后果的不确定性;"危机"是造成损失或损害的潜在原因;"危害"是来自危机的危险。

近年来,空间工业发生了深刻变化。空间部门的新行为者孜孜不倦地工作,以使空间工业实现与以前航空工业类似的转型。与此同时,小卫星生产的标准化和工业化使新的创新性商业模式和任务成为可能。空间工业正像以商业经营为主的工业演变。在新空间时代,不仅要使积极的参与者,而且也要使公众对未来空间活动所面临的挑战做好准备,这些活动是没有政治或地理边界的。

"零风险"水平并不存在,这是一个发人深省的事实。风险评估对于设计减缓方案很重要,因为对风险的评估为规划和分配有限资源(技术、资金和其他资源)提供了基础。然而,在历史上这并不是社会第一次面临寻找解决方案来评估新出现风险的挑战。例如，危险与可操作性（HAZOP）和失效模式与影响分析（FMEA）这两种主要的风险分析工具，最初是为了支持在 20 世纪 60 年代还处于起步阶段的核工业发展而开发的。除了从各种法律、技术和经济的角度提供关于空间碎片问题的基本信息，本书还试图根据一个最坏的现实情况来描述我们对空间碎片问题的认识，这是现代社会应该为之做好准备的。

经验表明，灾难性事件发生后的一段时间是实施行动的机会窗口。为了避免未来出现同样的损失，利益相关方愿意为提高空间弹性而实施成本较高的行动。然而，2010 年冰岛艾雅法拉火山（Eyjafjallajökull）爆发、2011 年日本海啸、2012 年"桑迪"飓风等灾难性事件缓解的经验证明，预防比缓解更有益。因此，这段时间可以视为一个机会窗口，并为处理空间碎片危机制定共同办法。由经济、社会和法律机会支持的一系列技术解决方案是本书阐述的重点。

本书具有很强的跨学科特点，重点关注空间碎片风险确定、评估和管理等相关问题。每章尽量相对独立并且简单易懂，这些章节由处理空间碎片问题的多领域专家撰写。本书的内容可以简单描述如下：

第 2 章：作者 Dan Oltrogge 和 Jim Cooper 描述了空间态势感知和空间交通管理的整个相互关联过程的良性循环性质。本章从法律、金融和国际参与等方面提出了缓解碰撞能力所面临的空间态势感知挑战。

第 3 章：作者 Michael Clormann 和 Nina Klimburg-Witjes 展示了国际社会如何通过媒体报道、外联活动和利益相关方的关切提高对空间碎片危险的认识。本章描述了如何将空间碎片风险理解为社会技术挑战，以及使用哪些工具来建立社会弹性。作者希望他们的研究能为科学家、工程师、风险分析师、决策者和普通公众提供独到的见解，帮助他们认识空间碎片对现代社会的影响。

第 4 章：作者 Andrey A. Baranov 和 Dmitriy A. Grishko 概述了空间碎片减缓办法。本章还对计划和实施的项目进行了概述，这些项目旨在表明将物体移到处置轨道或修理航天器的可能性。

第 5 章：作者 Shinichi Kimura 关注了主动清除碎片技术发展问题。本章提供了有关如何开发低成本智能制导和导航系统，以实现可靠空间碎片减缓的真实案例。

第 6 章：作者 Lucy Stewardson 和 Steven Freeland 综述了空间碎片减缓的法律和政策问题现状。减缓碎片，特别是清除措施引发了许多技术、经济和政治争议。本章描述了与空间活动有关的法律框架历史，提出了需要仔细考虑的问题，并展示了与空间碎片管制有关的机会。

第 7 章：作者 Cécile Gaubert 从法律风险的角度讨论了空间碎片问题。本章表明可以使用哪些工具，以及在将这种风险转移到专门的市场（如保险）或国家方面存在哪些机会。本章的独特之处在于，它不仅关注空间碎片所造成的风险，而且还关注与清除项目有关的可能产生新风险的风险。

第 8 章：作者 Olga Sokolova 和 Matteo Madi 强调了空间系统弹性评估的问题，以及利益相关方如何采用方法来评估和衡量成功的问题，给出了提高行业弹性和治理方案的建议，揭示了当前的法律框架如何推动新空间时代弹性概念的战略思考。

本书不具体说明空间碎片本质的基本定义，以及它们是如何产生和发展的。我们强烈建议读者从该领域专家撰写的以下资料来获取背景信息：C.Nicollier 和 V. Gass 编著、CRC 出版社于 2016 年出版的《我们的空间环境：机会、风险和危险》一书中 T. Schildknecht 撰写的第 4 章内容，J. N. Pelton 编著、Springer 出版社于 2013 年出版的《空间碎片和来自外层空间的其他威胁》，以及欧洲航天局（ESA）的"清洁空间"页面中标题为"关于空间碎片"的链接 https://www.esa.int/Safety_Security/Space_Debris/ About_space_debris。

第 2 章　塑造我们对空间运行环境的认知

Dan Oltrogge，Jim Cooper

光的代价小于黑暗的代价。

——Arthur C. Nielsen

获取及时、准确、全面和透明的空间运行环境感知的过程称为空间态势感知（SSA）。碰撞和射频干扰（RFI）的风险是显著的，并且还在继续增加，特别是在以大型星座为特征的新空间时代，航天器越来越小，进入空间越来越廉价。本章将从政策、金融和国际参与的角度研究空间态势感知面临的挑战，以及这些挑战如何阻碍我们缓解碰撞和射频干扰风险的能力。这对于空间环境的长期可持续性是必要的。空间态势感知也是空间治理的关键赋能因素，无论是航天器运营商的自我管制、联合国（UN）和机构间空间碎片协调委员会（IADC）的条约和指南，还是国际标准化组织（ISO）和国际空间数据系统咨询委员会（CCSDS）的国际标准，或者国家政策和监管治理，都起到了一定的作用。本章讨论了这些相互关联的治理工具的"良性循环"性质，还研究了空间交通管理（STM）的专题。我们将研究为什么整个空间态势感知和空间交通管理企业需要及时和实质性的改进，以最大限度地提高飞行安全程序和分析的有效性，也讨论了商业和政府空间态势感知分析工具、算法和跟踪传感器方面的进展，以帮助实现所需改进。

2.1　空间态势感知和空间交通管理的介绍

空间态势感知和空间交通管理是实现空间飞行安全、空间可持续性和空间安全的基础。本章首先定义并解释了空间态势感知和空间交通管理的基本组成，包括空间物体跟踪、算法、近距离接近评估和航天器操作人员决策过程。我们研究了技术挑战和不同观点如何影响空间态势感知和空间交通管理服务，对空间环境正常运转所必需的碰撞和射频干扰风险缓解产生不利影响。

其次,我们描述了空间态势感知和空间交通管理服务商,以及这些服务在促进外层空间活动可持续发展方面发挥的关键作用。我们讨论了先进算法和分析、数据融合和国际空间标准在产生具有决策质量的空间态势感知、促进数据交换和制定期望的行为规范方面的关键作用。最后,我们讨论了当前和预期的空间碎片情况如何表明,我们需要有紧迫感,并主动过渡到可操作的空间态势感知和空间交通管理服务。

2.2 空间态势感知和空间交通管理的定义

全球空间界尚未形成空间态势感知和空间交通管理的通用定义。鉴于使用它们的组织机构的多样性,以及这些术语与组织机构任务和优先事项的关系,定义的多样性是不可避免的。商业运营商、监管机构和国家安全专家有不同的空间态势感知要求和优先级。空间态势感知可以防止碰撞;提供对空间和地面能力的认识;助力和支撑国家安全;探测、识别并确定威胁空间活动长期可持续性的不负责任的航天器行为和活动[1]。

2.2.1 空间态势感知

在基本层面上,可简单地将空间态势感知定义为对能够影响己方利用空间的所有相关活动和物体的认识。空间态势感知可以更广泛地定义为对空间和地面环境、因素和条件的综合认识与理解,包括其他空间物体的状态、地面和/或空间发射机的无线电发射,以及地面和空间天气,从而有助于及时、有质量地做出相关决策和准确的评估,以成功地保护空间资产和正确执行卫星所设计的功能[2]。

欧洲航天局(ESA)将空间态势感知[3]定义为对以下情况的全面了解、理解和持续认识:①空间物体的数量;②空间环境;③现有的威胁和风险。

法国国家空间研究中心(CNES)的主题专家经协商后,认为空间态势感知是空间天气和空间监视与跟踪(SST)[4]的总和。

欧盟空间监视和跟踪(EUSST)计划将空间态势感知[5]描述为对空间环境的了解,包括空间物体的位置和功能以及空间天气现象,其三大支柱是空间监视与跟踪、空间天气监测和预报以及近地物体。欧盟将空间监视与跟踪定义为探测、分类和预测绕地球运行的(人造)空间物体运动的能力。

其他机构则倾向于将空间态势感知的意义局限于近地空间物体过去、现在和未来的位置知识。支持这一有限定义的空间基金会(Space Foundation)表示[6],空间态势感知指的是观察、理解和预测地球轨道上自然与人造物体物理位置以避免碰撞的能力。

表 2.1 对以上这些定义和其他空间态势感知定义进行了更全面的总结。

表 2.1 按来源划分的空间态势感知属性定义比较

空间态势感知属性	美国空军指令14-空间	空间标准和创新中心的Alfano	法国国家空间研究中心	欧洲航天局	欧盟	空间基金会	空间导航	空间域感知	美国空间政策	SPD-3
地基空间能力的表征	●							●		
空间/运行环境的表征	●	●		●			●	●		●
天基能力的表征	●	●	●							
空间物体的综合知识和状态	●		●	●	●					
当前和未来的知识	●				●					
识别空间中的不良行为者								●	●	
监测多国的空间就绪状态		●						●		
近地天体（如小行星和彗星）				●				●		
保护空间资产按设计方案运行		●								
电波发射（地基和空基）	●							●		●
安全、可持续和稳定的空间活动		●						●		
空间和地面天气	●	●	●		●			●		
空间域感知与分析	●									
威胁监测和风险评估	●			●						
及时、相关、准确、可操作		●						●		●
理解和预测空间物体的物理位置	●	●	●	●	●	●	●	●		●

认识到存在各种定义后，我们将在本章其余部分采用《美国空间政策指令3：空间交通管理》（SPD-3）[7]中的定义："空间态势感知是指对空间物体及其运行环境的知识和特性描述，用以支持安全、稳定和可持续的空间活动。"

在认识到军事任务比这个以安全为导向的定义更广泛的情况下，美国空军于 2019 年 11 月要求其所有空间组织改用术语"空间域感知"(SDA)。在国防领域，空间域感知不仅指狭义空间态势感知定义中的目录维护方面，也指通过被动或主动手段对任何空间域行为要素的识别、描述和理解，这些行为可能影响空间相关操作，并潜在地影响国家的安保、安全、经济和环境。虽然空间域感知是一个包容性的术语，与之前提出的一些更全面的空间态势感知定义非常一致，但它主要与国家安全任务相关，并不普遍适用于确保空间活动长期可持续性（LTS）的国际倡议。

2.2.2 空间交通管理

空间态势感知至关重要，但其自身不足以支持空间飞行安全。为了真正满足空间运营商和国家行为者的需要，空间态势感知必须促进空间交通管理服务并反过来得到空间交通管理服务的补充。2006 年的早期空间交通管理定义[2,8]将其描述为旨在促进安全进入空间、在空间开展业务以及从空间返回地球而不受物理或射频干扰的一套技术和监管规定。这个定义明确地包括技术和监管方面，而不仅仅是识别空间物体之间近距离接近的空间飞行安全分析（称为交会评估，即 CA）。许多著名的地球静止轨道（GEO）运营商赞成这一定义；他们非常关注射频干扰，因此寻求将交会评估与鉴定和预测射频干扰分析能力与接口结合起来的空间交通管理定义。

表 2.1 和表 2.2 中总结的空间态势感知和空间交通管理定义的广度在文献[2，9]中进行了更详细的讨论。与空间态势感知一样，本章的讨论将参考《美国空间政策指令 3：空间交通管理》中的规定："空间交通管理指的是空间活动的规划、协调和在轨同步，以提高空间环境中操作的安全性、稳定性和可持续性。"

表 2.2 按来源划分的空间交通管理属性定义比较

空间交通管理属性	航空航天	雅典大学	布洛特	德国航空航天中心	国际宇航科学院宇宙公司	乔治·华盛顿大学	国际电信联盟	美国国家航空航天局（NASA）/约翰逊航天中心	美国空间政策	SPD-3
最佳实践、标准、技术手段	●		●		●					●
无物理干扰	●		●		●		●			●
无射频干扰	●		●		●		●			●
信息安全								●		
监测和通知	●			●				●		
轨道碰撞规避	●	●						●		●

续表

空间交通管理属性	航空航天	雅典大学	布洛特	德国航空航天中心	国际宇航科学院宇宙公司	乔治·华盛顿大学	国际电信联盟	美国国家航空航天局（NASA）/约翰逊航天中心	美国空间政策	SPD-3
计划、协调、同步活动				●						●
发射前风险评估										●
安全发射		●								●
安全轨道操作		●		●	●	●	●		●	●
安全空间返回		●		●	●	●			●	●
空间态势感知		●								
监管机构/执法										
学科和分配				●						
监督管理		●	●		●					
道路规则								●		
交通管制和执法	●	●				●		●		

虽然几个空间交通管理定义包括轨道碎片减缓的重要监管内容，但这些定义都不包括引导航天器简单地左转或右转的授权和活动。空间交通管理行动的一个更切实的应用不是指挥交通，而是在操作者之间进行协调，帮助降低风险和规避机动。"监管"和"控制"通常是指监测遵约情况和对空间物体进行观察、编目、归因和监测。因此，"空间交通协调"（STC）可能比主流的"空间交通管理"更适合指代当前的碰撞规避（COLA）过程。然而，为便于讨论，我们将使用被广泛接受的空间交通管理术语。

总之，空间态势感知和空间交通管理都缺乏内聚的、通用的定义。一些空间态势感知和空间交通管理的解释狭隘地局限于跟踪空间物体以避免碰撞。美国将受益于使用更广泛、更有远见、更平衡的定义，包括空间天气、射频干扰和能力表征。

空间态势感知和空间交通管理的不同定义确实有一个共同点，那就是它们都未能解决缺乏一致的跨体制交通管理问题：地面、海上和空中交通管制（ATC）的汇合；无人机系统交通管理（UTM）；平均海平面（MSL）以上25000英尺（1英尺=0.3048米）或更高的高海拔（高 E）临近空间飞行；外空间制度迫在眉睫。发射轨迹已经或即将跨过所有这些体制。随着新兴的商业发射产业在新空间时代发射更多的航天器,所有这些体制都将受到影响。现在正是标准化跨体制交通管理术语,以解决优先级问题并安全地整合所有体制的时候。

2.3 什么是空间环境管理以及它适用于哪些地方

由于担心空间环境的管理没有得到确保空间环境长期可持续性所必需的优先级和重视,一些专家提出了"空间环境管理"(SEM)一词来描述空间碎片管理。

引入这一术语可能确实有助于空间行业和监管者将重点放在这一关键但资源不足的领域。虽然必须做更多的工作来解决空间碎片问题,但空间界是否会看到有必要明确区分空间交通管理和空间环境管理,还有待观察。

我们认为,目前对空间交通管理的定义包括空间环境管理。考虑 SPD-3 对空间交通管理的定义:"空间交通管理是指空间活动的规划、协调和在轨同步,以提高空间环境中操作的安全性、稳定性和可持续性。"

注意关键术语"空间环境中操作的可持续性"。该术语包括管理环境(因为如果不这样做,那么空间运行将不再是可持续的)。从这个角度来看,我们认为,如果"空间环境管理"一词被空间界接受(我们认为它应该被接受),那么空间环境管理将成为整个空间交通管理企业一个重要的组成部分。

2.4 空间交通管理是否应该包含监管、监测和执行

将监管的概念纳入上述空间交通管理的某些定义中非常重要。事实上,我们还没有任何统一的国家或多国法规体系[10]:

(1)空间法目前缺乏对全面交通管理制度至关重要的许多规定(如发射前通知、碰撞归因的监护要求、对安全监护规范和建成的最佳实践具有约束力的强制操作规定等)。特别重要的是,在法律上对被其所有者视为有价值资产的空间物体与毫无价值但实际上可能成为未来责任潜在来源的空间碎片进行区分。

(2)空间交通管理制度必须考虑统一国家空间立法(其中许多尚未建立)和建立相互承认的国家许可标准和程序的必要性,因为它们可能为确保技术安全提供基础。如果没有最低限度共享的监管标准,未来的空间行为者可能会寻找对该领域的可持续性产生不利影响的"方便旗"。

2.5 合适法律框架的重要性

有效的法律和运行架构至关重要,特别是在需要汇集或共享运行数据的任务中,有效的法律框架易于理解和执行。它鼓励来自多个管辖区域的利益相关者的期望行为,同时劝阻不当行为。虽然根据《外层空间条约》采取空间行动的责任最终应由发射国承担,但许多非国家卫星经营者采取务实的私法(即合同协议)办法。合同协议可以用来定义最低可接受的性能水平、程序性事项以及关键的业务和财务术语。这包括定价、非公开数据和衍生数据的保护、使用和分发,争端解决机制、数据贡献要求、法律和管辖的选择以及知识产权。最后,协议方法可以比当代的正式条约、议定书和公约更加精确地解决复杂的风险分配与责任问题。

2.5.1 全球相关空间态势感知和空间交通管理的属性

综合的空间态势感知和空间交通管理系统可以促进安全和可持续地开展空间活动,包括国际标准、指南、多边数据交换、登记、通知,以及发射、在轨、再入、安全和环境事件的协调。为了提供高质量的决策服务,该系统必须:在观测层面综合政府、卫星运营商和商业空间态势感知数据;在不损害已建立的商业空间态势感知和空间交通管理渠道的情况下,免费向航天器运营商提供基本的服务;适当保护与国际政府军事、民用和商业运营商空间数据相关的知识产权和专有数据问题;采用先进的算法和空间态势感知硬件;具有高可用性;保持透明度;采用与全球空间市场相关的国际空间数据报文标准和操作标准。理想情况下,应该采用一套综合的评价标准[2],来帮助这类系统的潜在用户区分空间态势感知和空间交通管理系统的好坏。

为了提供高质量的决策服务,空间交通管理系统必须以图 2.1 所示的稳健框架为基础。负责监督和决策的权力机构管理整个过程,包括:所需的光学、雷达和无源射频数据数量和质量;纳入空间运行数据;高级分析和数据融合;最新的空间气象历史和预测。

空间运营商拥有丰富的权威信息,为了空间安全利益,他们可能愿意与他人分享这些信息。图 2.1 的左上方框描绘了来自空间运营者的数据,无论他们是运营卫星、发射助推器和上面级运载器、亚轨道/大气层外运载器(如空间旅游)、高空气球或飞艇。运营者的空间平台可以承载传感器和系统,提供有价值的轨道碎片现场测量、航天器充电和空间天气指标,以帮助开发和调整精细的轨道碎片模型、空间天气预测模型以及动态校准的大气模型。在这一架构中,我们鼓励有贡献的运营商报告他们所经历的任何卫星和运载火箭异常[11],以共同理解空间风险。

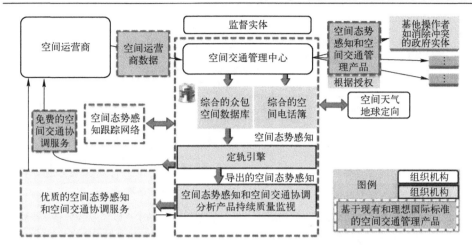

图 2.1 综合空间交通管理系统主要组成（彩图见插页）

如图 2.1 右上角所示，这个概念与其他空间态势感知和空间交通管理概念的区别在于，其明确认识到总会有国家和/或组织希望为减少空间碎片做出贡献，但由于国家安全或商业顾虑而不愿或无法直接参与地区或全球空间交通管理系统。这样的实体称为有意愿没贡献的运营商（WNCO）。经原始数据所有者授权后，可以通过细粒度用户访问技术与他们共享空间态势感知和空间交通管理数据。有意愿没贡献的运营商可以使用此高质量决策信息来屏蔽其非公开（由于知识产权或保密原因）的空间物体，以防止发生碰撞或射频干扰事件。

如果一个或多个有意愿没贡献的运营商充分信任空间交通管理操作员，则可以通过整合面向公众的空间交通管理和空间态势感知服务与有意愿没贡献的运营商数据，进一步优化空间交通管理框架。这使得以自治方式将权威公共数据与有意愿没贡献的运营商数据融合成为可能，极大地减少了传输带宽和延迟，并消除了在系统之间规范数据的需要。

2.6 如何评估交会

空间态势感知系统以一种称为交会评估的方式识别潜在的碰撞威胁，如图 2.2 所示。空间态势感知系统的传感器聚合网络对所有可以跟踪的对象进行跟踪。每个空间物体的相关测量或"观测"，被发送到观测关联（OA）和定轨（OD）处理引擎。如果能够提供空间物体规划机动的有关数据，则高级定轨系统还可以吸收它们；如果不能提供，空间态势感知系统仍然可以检测、描述和解释所执行的任何机动。

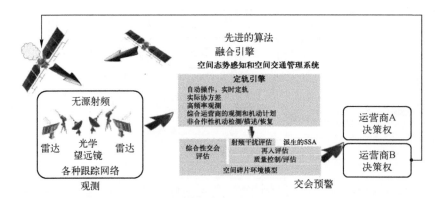

图 2.2 通过空间态势感知识别潜在碰撞威胁。交会评估过程从收集的空间态势感知传感器观测开始,然后根据这些观测确定轨道和潜在的碰撞风险。从中进行定轨以及识别潜在的碰撞风险。

运营商通过交会数据接收碰撞威胁通知。航天器运营商能够缓解即将到来的碰撞威胁

自动定轨算法解决所有被跟踪物体的轨道问题,并预测其未来位置和位置的不确定性。该预测信息与误差度量、空间物体元数据一起输入交会评估过程,以便当任何跟踪物体彼此接近到超过运营商的预警阈值时发出警报。

有许多不同类型的预警阈值,从直接的(预测的脱靶距离)到包含轨道预测不确定性以及有关物体形状和指向信息的稍微复杂的碰撞概率。运营商对阈值类型的选择可能由人力资源、可用数据和航天器所占用的轨道体制决定。

在许多情况下,并不具有评估此类复杂度量所需的空间态势感知数据。具体来说,通常并不具有空间物体各维或总长度、飞行姿态规则和用来对所提供的空间态势感知位置进行预测的现实误差度量。而且,运营商规避操作执行/不执行标准需要这些输入,并且通常对任何输入误差都非常敏感。许多当代空间态势感知系统只是简单地为这些参数设定默认值,而并不通知空间态势感知接收者这些默认值是什么。

当发现交会时,运营商与空间态势感知和/或空间交通管理服务提供商合作,以确定是否需要进行规避操作,如果需要,则确定使用何种规避策略。运营商上传适当的指令,航天器进行机动,如果一切都成功完成,则两个航天器安全通过。

如果第二个空间物体是碎片,则情况会更加复杂,因为美国目前没有提供物体大小和位置不确定性的评估。

更复杂的是,空间态势感知和空间交通管理并不是一刀切的,因为可用空间态势感知数据的威胁特征和及时性、完备性、准确性及透明度高度依赖于轨道体制。在航天器密度较低的轨道体制中,由于有足够的燃料裕量来确保安全,所以当另一个物体从远处接近时,航天器的运营商在机动规避方面有条件过分小心。

相反，在航天器密度较高的轨道体制中，运营商将无法保证能够规避所有远处的接近，因为数百万潜在的接近将迅速耗尽他们的人力资源和燃料储备。

运营商选择和使用的安全阈值往往取决于航天器成本、任务优先级、客户感知的价值、衍生数据的潜在价值以及用其他方式取代任务能力所需的时间等因素。与此形成鲜明对比的是，一个空间大国（国家行为体）可能会决定规范所采用的安全阈值、算法和度量，以与国际上采用的条约、原则和指南保持一致，这些条约、原则和指南旨在确保空间环境的长期可持续性。

幸运的是，航天器运营商正在积极加入长期可持续性的倡议组织中，如空间安全联盟（SSC）[12]、空间数据协会（SDA，现在已经是商业空间运营商自筹资金提供空间态势感知和空间交通协调服务的第 10 个年头）[13]、世界经济论坛的空间可持续性评级（SSR）以及一些内部空间安全倡议。

2.7　是什么让空间态势感知和空间交通管理如此具有挑战性

准确、综合和及时的空间态势感知是空间交通管理的基础，但很少有人了解获得这种空间态势感知所需的活动部件。如图 2.3 所示，空间态势感知至少包括 7 个组成部分：空间态势感知系统本身、观察空间态势的传感器、数据池和融合引擎、空间态势感知分析和算法基础、与空间物体有关的所有数据、定轨和预测工具，以及射频干扰分析工具。这些主要部分构成所有空间态势感知、空间交通管理和监管方法的基础。

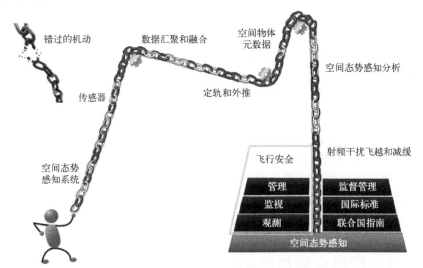

图 2.3　综合空间态势感知和空间交通管理系统的全部组成

令人不安的是，该链中任何一个环节的故障都可能使空间态势感知失效。整个功能链的整体性能决定了空间态势感知产品是否有用；在空间安全和可持续性方面，不存在"部分正确"的说法。主要的空间态势感知系统未能识别2009年铱星/COSMOS碰撞，其原因在于空间态势感知威胁监测过程中遗漏了一颗铱星位置维持机动。这次遗漏引发了一个事件，其事前发生概率估计为万亿分之一。如果把那次机动考虑在内，估计的概率会上升到千分之一（一旦碰撞发生，将一路飙升到1）。

1996年，我们在开发美国第一个基于概率的发射碰撞规避（LCOLA）系统时，了解到组装和验证这个空间态势感知功能链的所有必要环节是多么困难。构建"端到端"过程相对容易，问题是必须进一步确保输入、算法和数据产品足够完整和准确，为决策者提供支撑并确保飞行安全。令人担忧的是，我们目前的许多空间态势感知过程都没有有效的质量控制机制，而且简单地假设在没有主动监控其准确性和可用性的情况下，端到端过程能够正常工作显得有些太诱人。

图2.4中列出了实现端到端空间态势感知过程的一些障碍。其中，列出的每个方面都有可能使基于空间态势感知的预测无效。

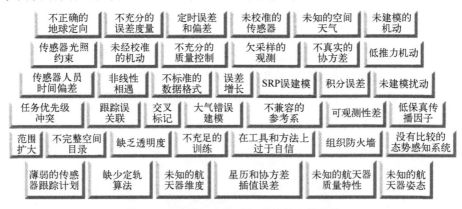

图2.4 阻碍空间态势感知系统的建模挑战

航天器运营商和国家在开发、操作、规避碰撞以及向管理方传达飞行安全重要性方面的资源有限。新进入空间者往往缺乏空间态势感知和空间交通管理的专业知识，他们难以理解空间飞行安全的细微差别和后果。如果没有这些专业知识，就很难向高层决策者和资助者传达两个关键点：为可操作的空间态势感知产品付费以帮助确保飞行安全的重要性和成本效益，以及如果空间资产得不到充分保护，将对客户群和品牌认同度造成不利影响。

2.8 谁来提供空间态势感知和空间交通管理服务

事实上，断言任何一个政治实体目前能够提供全面的空间交通管理服务都

第 2 章 塑造我们对空间运行环境的认知

是不切实际的，因为没有协调实体来管理、控制或指导运营商的航天器。但可以通过美国国内外实体以及全球商业市场获取空间态势感知和空间交通管理服务，这些服务可以随时支持提供空间可持续性所需的空间交通管理服务。

虽然有些人倡导由单一实体提供全球空间态势感知和空间交通管理服务（通常基于国际民用航空组织或其空中交通控制模型）[14]，历史上只有少数国家和商业实体拥有有效维护空间态势感知所需的资源、技术手段和全球覆盖。传统上空间态势感知和空间交通管理服务是由美国政府提供的。然而，越来越多的外国政府和商业组织正在加紧提供增强的空间态势感知和空间交通管理服务。

2.8.1 传统的空间态势感知和空间交通管理服务

空间态势感知和空间交通管理服务长期以来一直由美国空军第 18 空间控制中队（18SpCS）通过美国联合空间作战中心（CSpOC）向航天器运营商免费提供。请注意，美国国防部（DoD）目前正在将空间重组为一个责任区（AoR），导致单位和资产名称的变化/更新。利用来自空间监视网（SSN）——一个全球范围的地基雷达、光学传感器和天基光学传感器集合的数据（图 2.5[15]和图 2.6[16]），美国国防部做了一项值得称赞的工作，提供全球空间态势感知服务（一个复杂的过程，需要国会授权），建立必要的运作程序，建立和维持与各种外国政府和商业实体的合作关系。美国国防部在支持可持续空间飞行方面的远见卓识，以及在建立空间态势感知共享范式方面的努力值得称赞。

图 2.5 空间监测网配置（彩图见插页）

15

图 2.6　位于格陵兰图勒的美国雷达

然而，正如美国联合空间作战中心所承认的，这些评估纯粹是为了作为潜在碰撞风险的一个提醒，而不是一个可用于碰撞规避决策的全面交会描述。如今，美国提供的数据共享协议中空间态势感知数据共享协议和space-track.org 上提供的传统功能，并不总是能够生成空间运营商所需要的在准确性、及时性/响应性、容量和明确性方面足以支撑运行和决策的空间态势感知信息。

责任不在于履行这一职责的操作人员。相反，问题在于提供这些数据的工具，这些工具是为 20 世纪 70 年代和 80 年代迥然不同的空间运行环境而设计的。四五十年前，空间还不是一个有争议的领域。运营商有一个"空间非常大"的认识（轨道上的物体相对较少，碰撞风险小到可以接受）。这些工具支持了空间时代早期阶段的目标，即能够维持对空间物体的"维持监管"（捕获和监测）。但在 2020 年急剧发展的空间运行环境中，碎片数量大幅增加，能够维持这些碎片碰撞规避告警的新技术不断发展，大型星座出现——这些传统工具无法达到确保空间飞行安全所需的空间态势感知和空间交通管理性能水平。不幸的是，仅仅基于这个不完美的数据库过程的存在和熟悉就让许多操作人员产生了一种就绪和安全的错觉——有些人认为这个系统已经足够好了，尽管它有明显的缺点。

以前空间并不被认为是一个作战域，现在它是一个作战域，而且美国已经建立了一个新的军种和一个新的统一司令部，即美国太空军和美国空间司令部，竭尽全力将空间作为一个作战域进行管理。美国空间司令部（前美国战略司令部）公开主张，为民用和商业实体提供空间飞行安全服务的责任应该从国防部剥离出来，以便让作战人员专注于国家安全问题。

虽然国防部通过建立和运行免费碰撞预警服务提供了值得称赞的公共服务，但日益增长的国家安全空间担忧和日益复杂的空间运行环境对现状提出了挑战。这些服务不足以准确或有力地生成高质量的决策信息；它不能对迅速变化的局势做出响应，不能处理所有必要的数据，也不能为国际普遍采用提供所需的透明度和可用性。这些缺点导致了难以接受的高虚警率，使得一些运营商更愿意忽略这种碰撞风险警告。因此，这种"免费的"服务实际上是有代价的，即接受过度（和未知的）风险。

遗憾的是，传统基础设施的巨大负担和采办文化使美国国防部难以对其空间态势感知能力进行现代化改造。美国空军在过去30年里花费了30多亿美元，试图对其空间指挥和控制基础设施（包括空间态势感知）进行现代化改造，不过失败了，因此它仍然依赖几十年前的老技术。

此外，尽管空间物体整体的总碰撞风险很大，而且随着低轨大规模星座的引入，这种风险将大幅增加，但对单个卫星运营商来说，碰撞风险似乎可以忽略不计。卫星运营商在受到各种金融、监管、竞争和文化压力的不利影响时，可能会低估这些风险，夸大其为降低这些风险而采取的措施。与其他常见悲剧的情况类似，许多经营者的商业模式没有纳入对环境的担忧，这一点可以理解（但仍不能接受）。事实上，卫星大规模生产和小型化所带来的制造成本的降低可能已经使自然的市场力量无法激励运营商保护共同的卫星运行环境。从纯粹的经济角度来看，运营商本身可能愿意冒卫星因碰撞而损失的风险，特别是那些小型/非经济（如学术）或具有多重冗余和快速重发射/更新能力的大型星座运营商。

这些考虑再加上运行空间是无限广阔的错误认识，导致一些卫星运营商代表整个空间界单方面接受他们的碰撞风险。他们可能依赖于不充分的、免费的传统服务来为碰撞提供证据，毕竟，美国政府提供的服务怎么可能存在不足呢？然而碰撞一旦发生，就无法挽回。它们可能会破坏全球空间经济的运行环境，对其他空间运营商造成长期且代价高昂的影响。

"馈赠之物，勿再挑剔"。然而，这样使用免费的空间交通管理系统则是完全不同的情况。如今，由美国空间司令部操作的主要空间态势感知系统不向非政府用户收取服务费用。有趣的是，这导致他们的服务和数据以现状提供给所有人。利用大型公共投资建立和运营空间监视网，并利用其面向国防的能力向民用和商业空间运营商提供辅助服务，确实具有多种好处。但是，这些服务不是客户与服务提供商之间的服务，而是国家与申请用户之间的服务。用户可能要求更改，但缺乏有效的方法；让美国政府对不及时、遗漏或表现不佳的问题负责；或者获得对两用系统支持活动基础特性和质量的现实情况（如导弹预警传感器性能）最逼真的观察。

对于现行体系的批评者来说，真正的问题发生在可能的碰撞被识别之后。一旦发出警告信息，军方在接下来确保做出有利于整个空间界的决定方面就不再发挥任何作用。

2.8.2 其他的全球空间态势感知和空间交通协调提供者

其他国家也有空间态势感知系统，但它们的产品目前还没有广泛普及。然而，一些国家最近已努力建设和集成独立的空间态势感知系统，部分用于提供空间态势感知和空间交通管理信息与服务，以支持空间飞行安全和空间可持续发展。迄今为止，最值得注意的是欧盟空间监视和跟踪系统。

2014年，欧盟决定通过成员国联盟建立欧盟空间监视和跟踪系统，将其国家空间态势感知操作中心和传感器（地基雷达、望远镜和激光站）能力联网。该联盟最初由法国、德国、意大利、西班牙和英国组成，后来扩展到波兰、罗马尼亚和葡萄牙（目前尚不清楚英国脱欧将如何影响其参与）。该联盟与欧盟卫星中心（EU SatCen）合作，为欧盟、成员国和其他注册用户提供交会分析、再入分析和在轨解体信息与服务。

欧盟空间监视和跟踪系统名义上包括法国用于低轨卫星跟踪的"格拉维斯"（GRAVES）雷达[17]（图2.7）和用于地球静止轨道跟踪的"泰罗特"（TAROT）望远镜[18]（图2.8），以及其他专用或兼用跟踪雷达（如SATAM、ARMOR 1和2、NORMANDIE）。德国采用弗劳恩霍夫高频物理和雷达技术研究所（Fraunhofer Institute for High Frequency Physics and Radar Techniques，FHR）跟踪和成像雷达（TIRA）[19]（图2.9（a））进行低轨道空间物体观测和小颗粒碎片环境表征。英国使用奇尔波顿（Chilbolton）雷达[20]（图2.9（b））进行低轨跟踪，使用Starbrook光学传感器进行地球静止同步轨道跟踪。这并不是欧盟空间监视和跟踪传感器能力的全部，新成员肯定会添加额外的能力。

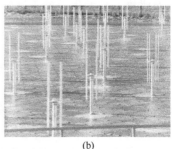

(a)　　　　　　　　　　　　　　(b)

图2.7 "格拉维斯"（GRAVES）雷达发射器和接收器

第 2 章　塑造我们对空间运行环境的认知

图 2.8　"泰罗特"（TAROT）望远镜

(a)　　　　　　　　　　　　　　　(b)

图 2.9　弗劳恩霍夫高频物理和雷达技术研究所跟踪和成像雷达（FHR TIRA）及奇尔波顿（Chilbolton）雷达

各联盟成员的空间运行中心在必要的数据获取和处理过程中实现共享，所产生的信息由欧盟卫星中心提供。联盟的每一个成员都在各自持续推进/升级它们在空间态势感知和空间交通管理方面的国家能力和空间政策。

俄罗斯有一个类似于空间监视网的系统，覆盖了不同的空间区域。国际科学光学观测网（ISON）的望远镜提供了地球静止轨道上物体的详细目录。中国也利用空间态势感知能力，但其能力范围或国家用途之外的具体应用方面几乎没有透明度。

此外，许多其他国家也着眼于空间交通管理，开始构建基本的空间态势感知能力。例如，日本正在开发一个部分功能支持空间交通管理的空间态势感知系统，并探索通过商业能力来增强其国家能力的可能性。印度正在努力建立空间态势感知能力，以支持 2022 年开始实施的载人航天发射和操作。新西兰最近与一家商业雷达数据提供商实现了一项演示能力，以探索空间态势感知和空间交通管理概念。

随着这些国家以及其他国家的不断进步，它们也会通过不同国际论坛上的工作以及双边和多边协议来更新其空间态势感知与空间交通管理政策和战略，目的是努力争取空间态势感知和空间交通管理方面的合作。

2.8.3 定义商业空间态势感知和空间交通管理选项

对空间态势感知和空间交通管理的投资不再与空间态势感知和空间交通管理能力有直接关系。就像第三世界国家安装了先进的蜂窝电话系统，其费用只相当于使用铜基技术的一小部分，以较低的成本增加容量、能力和性能的有利结合，使许多具有竞争的商业空间态势感知系统选项得以出现。一些空间态势感知实体已经完全投入使用（技术成熟度9级），为空间运营界提供全面的空间态势感知数据和服务。在表面上很难确定哪一个实体能够满足航天运营商的严格需求。运营商通常会寻找一个经过严格审查、透明、可全面运行的空间态势感知系统，该系统具有高度可用性、先进的算法、自动化处理、有保证的可用性和安全可信的计算框架。

与可重复使用的发射、主动清除碎片、遥感和通信的趋势类似，商业企业提前预测空间态势感知需求并接受开发风险。商业企业利用现代计算技术、算法来交付与运行创新的空间态势感知能力，以应对当今空间运行环境的挑战。例如，商业企业利用价格适度但更先进的地基传感器技术，在全球安装了数百个传感器，远远超过了各国政府维护的传感器数量。相比之下，在美国空间部队空间监视网络中，只有不到20个地基传感器站点。

商业公司建立了一个创新环路，以促进和支持不断的改进，从而激励商业市场寻求它们的服务。通过商业方法来利用成本效益，可以为空间态势感知能力现代化工作提供负担得起的投资。正是这种创新和成本效益使得新加入空间态势感知的国家能够迅速获得提供空间态势感知服务的能力。

为了与政府提供的或商业对手的替代方案竞争，私人资助的商业空间交通管理解决方案必须专注于为其客户维持预定义的服务质量水平，否则将面临失去客户的风险。服务质量、进化和负责任的行为是这些商业公司的显著特点。

2.8.4 空间态势感知和空间交通管理商业服务选项的历史

商业界对空间态势感知的参与始于1985年，当时T.S. Kelso博士创建了第一个公共空间数据门户网站CelesTrak。苏格拉底报告（评估空间威胁遭遇的卫星轨道交会报告）在线交会评估工具于2004年加入CelesTrak。最初基于美国空军（USAF）面向所有空间物体的低精度轨道理论（简化常规摄动轨道理论，SGP），苏格拉底报告在2008年升级为直接吸纳航天器规划机动的高度精确的、由操作员预测的航天器位置信息。

2009年，苏格拉底报告创立了空间运营商组成的空间数据协会，该协会10多年来一直为全球空间运营商界提供飞行安全服务。空间数据协会的成立是为

第 2 章 塑造我们对空间运行环境的认知

了联合民用、商业和军事运营商，支持受控、可靠、高效和安全的数据交换，以确保飞行安全和卫星运行完整性。空间数据协会本身以非盈利的方式运作，拥有一个法律结构，并在马恩岛注册成立。其法律结构能够确保提供给空间数据协会的所有数据得到必要的保护。

空间数据协会已经运营其云托管的空间数据中心（SDC）超过 10 年，探索出了许多现在被作为强大空间交通管理系统基线要求且广泛接受的特性。这些基线要求包括一个健全的法律框架、军事级别的计算安全、地理上分散的过程、非常高的可用性、不间断的取证、对比性的空间态势感知分析，以及与机-机接口无关的操作员数据输入和经过验证的数据标准化转换器。空间数据中心已经发展成为世界上最大的航天器操作员数据交换中心之一。一开始它就提供了一个按责任区域、位置和管理水平进行充分细化的运营商通信录，以便运营商之间能够高效沟通。该协会使用对比性的空间态势感知进行不间断的质量控制和差异识别，允许空间数据中心分析师将任何观察到的差异和/或高风险碰撞威胁告知航天器运营商、政府空间态势感知中心和商业空间态势感知。

目前，参与空间数据中心的 30 家全球空间运营商运营的航天器覆盖了所有轨道体制、形式因素和任务类型，并正在对 786 个航天器（低轨道和中轨道 513 个、地球静止轨道 273 个）进行飞行安全性分析。空间数据中心天生具有从航天器运营商汇聚空间数据，并将其与美国空军空间目录中简化常规摄动和特殊摄动（SP）格式的精确空间碎片目录合并的能力，这使得空间数据中心能够生成决策质量的空间交通管理分析。空间数据中心还充当空间数据的分发中心、空间态势感知比较和质量控制的集中点，以及空间态势感知和空间交通管理服务的高可用性提供商。这 10 年的空间数据中心运营已经证实，空间数据中心系统体现了只有通过使用先进的算法、有保证的处理以及全源数据的聚合和融合才能实现决策质量的空间态势感知和空间交通管理，而不是继续质问业界长期以来的问题"我的空间态势感知数据比你们的好吗？"。

最近，多达 14 家商业空间态势感知服务提供商成立，其中一半是美国公司。

2.8.5 描述空间态势感知性能

理想情况下，应该尝试将绝对位置准确性（空间态势感知的主要度量）描述为时间的函数。但是，在空间中很少有公开可用的、位置上众所周知的参考或真实物体，因此，很难从这一小组物体中得出关于空间态势感知系统性能的相关统计结论。准确性是系统偏差和空间态势感知系统预测固有重复性（或精度）的结合，因此，可通过在大数据集上进行估计来确保系统的准确性。任何观测不精确通常是由不完善的空间态势感知力学模型、未知或模拟事件（如未知的空间天气或未知的机动）、采样不足的观测和/或基于算法及过程的空间态势感知缺陷引起的。

人们可以在一个大的空间物体集和足够长的时间间隔上刻画预测位置的重复性统计特征。例如，刻画美国空军第18空间控制中队运行的传统空间态势感知系统的特征[21]。通过每个常驻空间物体（RSO）序列星历表的周期性位置差异，可以统计评估共享的17958个常驻空间物体的特殊摄动（18SPCS高精度）编目精度。对于碰撞规避，这种与1～2天轨道预测时间间隔相关的精度统计是最重要的，因为这个预测时间与操作者进行碰撞规避机动的典型观察-判断-决策-行动（OODA）回路最相关。

图2.10（a）和图2.10（b）描述了低地球轨道（0～2000km海拔）1～2天位置预测相对于整个真实异常范围（0～360°）的中位数和95百分位的统计学精度（重复性）差异。图2.11（a）和图2.11（b）给出了地球静止轨道的对应情况。这些数据的公布已得到美国战略司令部和空军第18空间控制中队的授权。垂直虚直线表示在操作上支持0.0001的碰撞概率阈值所需的精度，航天器运营商通常使用这一阈值作为避免碰撞操作的Go/No-Go标准。

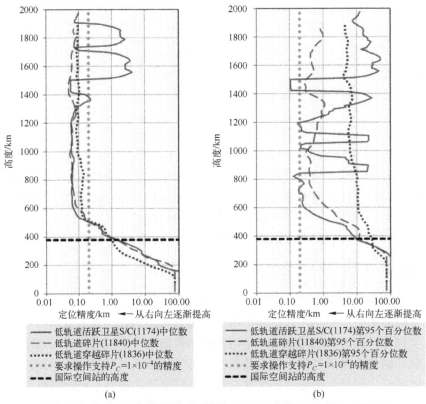

图2.10 低地球轨道特殊摄动定位精度（1～2天时间间隔，中位数95百分位）（彩图见插页）

第 2 章 塑造我们对空间运行环境的认知

请注意，虽然典型的（50 百分位）特殊摄动星历表精度通常满足（阈值线左侧）这一限制性精度阈值，但仍然有一些高度范围、轨道类型和机动性类型的特殊摄动性能无法满足这一阈值。当进一步考虑更高的发生水平（如 95 百分位）时，某些轨道体制（如 700km 以下的空间天气和高离心轨道）和物体类型（如活跃的机动卫星）的特殊摄动往往会超过这一限制性准确度阈值。如图 2.11 所示。

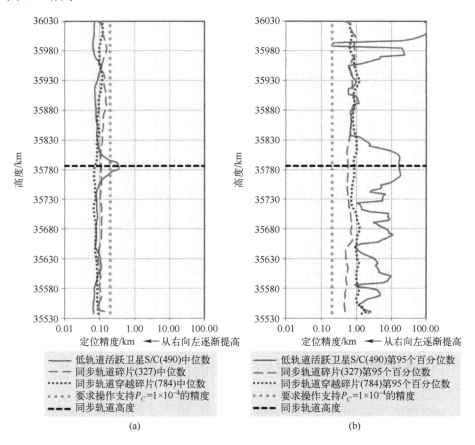

图 2.11　典型地球静止轨道特殊摄动定位精度（1～2 天时间间隔，中位数和 95 百分位）（彩图见插页）

2.9　作为空间环境长期可持续发展基础的空间态势感知和空间交通管理

空间可持续性的基本要素是明确的。我们必须防止可预测的碰撞（预防），最大限度地减少新碎片的产生（减缓），并清除大量被废弃的低轨道物体（补救），

23

如图 2.12（a）所示。如果把空间比作学校操场，规则将是"不要互相打架，好好玩，不要乱扔垃圾，收好各自的玩具"。每个组成部分的相对比重是为了在概念上表达作者对其在确保长期可持续性总体方案中相对重要性的观点。根据空间物体规模长期演化研究，越来越明显的是，一旦航天器完成任务，妥善处置它们以及与任务相关的碎片是我们可以采取的最重要行动。

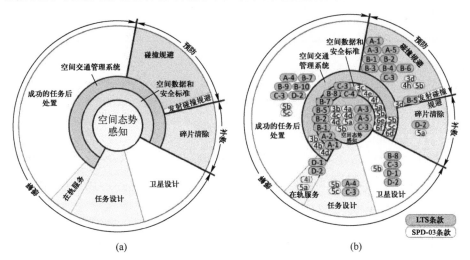

图 2.12　空间态势感知和空间交通管理是所有空间活动长期可持续性的基础和 21 条空间活动长期可持续性指南以及美国空间政策指令 3 在空间活动长期可持续框架的分布（彩图见插页）

每一个组成部分都包含一个或多个任务生命周期。它们最终都取决于空间态势感知和空间交通管理。

2.10　高质量空间态势感知和空间交通管理的重要性

如前所述，开发和集成提供空间态势感知和空间交通管理服务所需的所有必要工具和功能已经是一项挑战。要确保这些服务提供准确、及时、全面和透明的度量，来让航天器运营商依赖这些度量决定是否需要规避碰撞威胁就更加困难了。在碰撞规避方面，航天器发射和运营商可以选择以下 4 种路径之一：

（1）不认为碰撞是可信的威胁，因此不进行空间态势感知监测或避碰行动。

（2）认为存在可信威胁，但不认为其提供的空间态势感知和空间交通管理结果是可信的，因此不采取规避行动。

（3）认为存在可信威胁，且空间态势感知和空间交通管理结果存在已知缺陷，因此对空间态势感知和空间交通管理结果应用较大的安全裕量来弥补这些缺陷。

（4）认为存在可信的威胁，并不懈地寻求最准确、及时、全面和透明的空间态势感知和空间交通管理服务，以支持安全决策过程。

重要的是要认识到，就载人航天而言，第（1）种和第（2）种路径是完全不可接受的：必须始终确保载人和可居住空间物体的安全。只要重叠的轨道高度有可能使人类处于危险中，与它们相撞的风险就绝不能不考虑。相反，只要通过碰撞规避来保证人的安全，第（3）种和第（4）种路径都是可以接受的。一旦人的安全得到保证，在发射和在轨运行背景下的任务保证碰撞规避中分别研究这4种路径是值得的。

对于发射任务的碰撞规避，由于飞行时间通常很短，这意味着不太可能与在轨物体发生碰撞。对所有发射时间的上升和飞行的早期轨道的碰撞风险进行参数检查，可能会得出这样的结论：在发射阶段不会发生碰撞，第（1）种路径是合理的。但不要被统计数字所误导。根据发射时的中位数（50百分位）碰撞概率证明第（1）种路径是合理的，类似于这样的结论：因为你的车与迎面而来的车辆之间的中位数距离是2m，所以你不必担心迎面而来的车辆驶入你的车道。

对于在轨任务的碰撞规避，研究已经明确了低地球轨道和地球静止轨道体制下的实质性碰撞风险水平。第（1）种和第（2）种路径同样不可接受；空间界要坚持不懈、全面改进空间态势感知和空间交通管理，提供可靠的空间态势感知和空间交通管理服务。

对于在轨碰撞规避，在满足下述条件的情况下，第（3）种是一条比较合理的路径：①航天器有充足的机动燃料；②运营商有丰富的飞行动力人力资源；③交会比较少见（如航天器被放置在不常发生交会的轨道区域内）。

但是，随着活跃航天器和碎片数量的增加，以及我们对空间物体的跟踪水平的提高，潜在碰撞威胁的数量正在增长，以至操作人员不再有使第（3）种路径变得可行所需的足够燃料、人员或者低碰撞风险。如图2.13所示，运营商必须处理的潜在威胁数量几乎完全取决于空间态势感知数据的准确性。先进的空间态势感知算法提高了精度，通过消除大量虚警[22]大大降低航天器运营商的工作负担。在一个大致均匀的空间环境中（如同在700~900km高度的高密度中等低地球轨道区域），相遇率非常符合气体动力学理论中规定的半径-平方反比关系。这很重要，因为这是全球空间界在新空间时代如何解决飞行安全问题的关键。用威廉·特尔（William Tell）的比喻，一个人愿意多接近一个目标（或者这种情况下的交会碎片）取决于射手的准确性。如果可以相信潜在的空间态势感知系统能够以统计学意义上不确定性较小的准确性提供交会告警，坚定自身立场则更为合理。

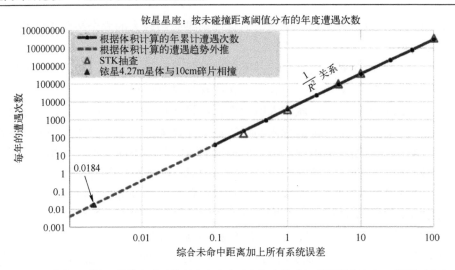

图 2.13 运营商必须处理的潜在威胁数量完全取决于空间态势感知预测的准确度（彩图见插页）

2.11 空间态势感知和空间交通管理标准的重要性

正如联合国和平利用外层空间委员会（CUPUOS）空间活动长期可持续性指南和美国空间政策指令 3 所确定的那样，国际标准应支持数据池和/或与任何空间态势感知和空间交通管理框架的数据交换。至关重要的是，我们的空间界对国际标准的作用和重要性应有共同的理解。

国际标准化有助于防止技术民族主义，并以可普遍使用的语言提供一个共同的参考框架，以促进全球空间行为体之间的贸易和技术转移。标准以可验证、可实现、适合纳入合同机制的方式描述性能要求和接口。标准还促进能力建设和技术知识共享。

一些人错误地认为标准扼杀了创新和潜力，但现实则恰恰相反。标准是定期审查的鲜活文件，以确保市场相关性、技术流通性和完整性。国际标准化组织的标准通常需要 2~3 年的时间来开发。每项标准一旦发布，每 5 年就会被审查一次，以决定是否应该更新、修订或废止。经常性活动的标准化可以极大地促进市场和创新。

在国际标准化组织治理结构中，技术委员会及其小组委员会和工作组负责开发与维护标准。国际标准化组织包含 245 个技术委员会，涵盖 10 万多名全球主题专家。国际标准化组织目前有 2.2 万个现行的国际标准，它们以英语、法语和俄语出版。我们重点考虑那些旨在制定空间活动标准的情况。

国际标准化组织航空航天器技术委员会（ISO/TC20）成立于 1947 年，是国际标准化领域最多产的国际标准化组织技术委员会之一。该技术委员会及其小组委员会制定公布了 600 多项标准，在航空航天工业界保持着重要的相关存在。在 TC20 内，有两个小组委员会——第 13 小组委员会（SC13）和第 14 小组委员会（SC14）正在制定空间标准。

ISO TC20/SC13 制定国际空间数据报文标准。SC13 的功能相当于国际空间数据系统咨询委员会（CCSDS），由全球 11 个航天机构组成。其导航工作组编制的空间数据报文标准与空间的长期可持续性特别相关。这些标准涉及交换空间数据的方式，包括姿态、交会、事件、轨道、指向、再入和跟踪数据等数据类型。轨道数据报文（ODM）是目前下载最广泛的导航工作组标准。需要额外的标准来解决异常、解体、地理定位、发射、射频干扰、射频（RF）特征和交会与接近操作/卫星服务操作（RPO/SSO）事件。

ISO TC20/SC14 制定了空间系统和操作的最佳实践标准。SC14 中 7 个工作组的所有规则都与空间活动的长期可持续性有关。

2.12 空间态势感知和空间交通管理标准的适用场合

在空间态势感知和空间交通管理领域中，国际标准是至关重要的促成因素。回到图 2.1 所示的空间交通管理整体框架，可将空间数据交换标准嵌入该框架中，如图 2.14 所示。在此图中，圆角方框代表组织，深灰色虚线方框代表国际标准化的空间数据报文，其他方框代表流程和分析。与图 2.1 一样，右上方的矩形表示外部的"有意愿没贡献"的运营商。

图 2.14 中上方的方框显示了来自航天器、发射助推器和运载器上面级、亚轨道/大气层外运载器（如空间旅游）、高空气球或飞艇的有贡献运营商的空间数据汇总。这些组织拥有丰富的权威信息，它们可能愿意为了空间安全利益与其他组织分享这些信息。

空间态势感知跟踪数据、精练的空间天气预测和碎片活动可以通过输入空间交通管理系统的国际标准化导航信息进行共享。通过吸收空间编目观测和星历表，并将这些数据与运营商提供的可操作数据相结合，可以做出全面、可操作和及时的空间态势感知和空间交通管理评估。然后，全面的空间态势感知和空间交通管理结果又共享回空间运营商，这一过程也严重依赖当前和未来的国际标准化报文，包括基本水平上的交会、轨道、解体和再入数据报文（CDMs、ODMs、FDMs 和 RDMs）服务，以及左下角的高级服务。有意愿没贡献的运营商也可以从使用国际标准化的数据报文中获益颇多。

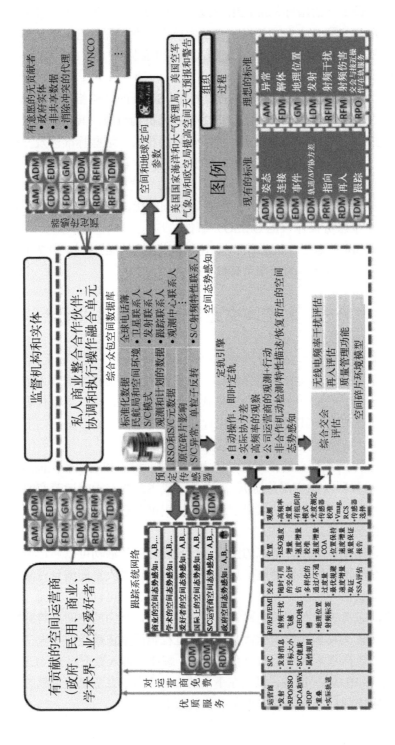

图 2.14 空间标准在综合空间交通管理系统中的重要作用（彩图见插页）

2.13 空间数据交换的极端重要性

为了使空间态势感知和空间交通管理尽可能精确,将所有空间行为者、空间物体跟踪实体、空间天气观测者和建模者,以及空间态势感知软件和算法开发人员的资源和专业知识汇集起来至关重要。通过使用先进的算法和分析技术,对所有可用数据进行交换、聚合和融合,可以更好地了解长期可持续性所面临的当前和未来威胁。空间数据交换最好的实现方式可能是采用空间数据协会运用的数据池模型,允许航天器运营商和空间态势感知服务提供商将他们的原始数据发布到一个在计算和法律上安全的框架中,然后,该框架将该数据标准化并进行飞行安全评估,除非数据所有者明确批准,否则不允许对外扩散专有或知识产权数据。

为了理解为什么会这样,需要考虑每个空间物体空间态势感知的基本过程:定轨和轨道预测。定轨是指根据过去的测量来估计物体轨道的过程。一旦估算出轨道,天体动力学家就会使用数值积分来预测空间物体的未来位置。轨道预测是空间态势感知和空间交通管理所需要的。为对空间物体 t_n 时刻的位置进行估计,空间物体位置的数值积分必须包含我们对物体在 t_0 时刻的轨道位置估计,以及我们对在规定的未来时间 $t_1, t_2, t_3, \cdots, t_n$ 时的加速度(作为估计位置和速度的函数)估计。

在外行术语中,定轨是将假定的力学模型拟合到历史观测数据中的过程,轨道预测是该模型在时间上的外推。但所有工程师都知道,外推可能是非常危险的。

为什么外推是危险的?想象一下,你在 1 小时内每秒都能通过全球卫星导航系统(GNSS)得到一架飞机的精确位置。要求你确定该飞机 1 小时后的位置,并预测该飞机在另一个小时后的位置。除非你看过飞行员的飞行计划,否则这些都是不可能完成的任务。你不了解背后的空中交通飞行规则,飞行员的目标和最终目的地,转向控制拨叉输入和相应的时间动力学加速度,飞机对这些控制的响应(因果关系),或做出这样的预测所需的许多其他关键细节。

然而,不知何故,我们认为对空间物体的轨道预测是可以实现的。尽管经过数十年的研究,我们在引力模型、参考坐标系定义和空间天气模型等方面已经取得进步,但空间态势感知由于其服务提供者无法获得或预测相关信息,在规定的未来时间 $t_1, t_2, t_3, \cdots, t_n$ 上对加速度的评估仍然很困难。与此相反的是,航天器运营商几乎都清楚地知道下面所有的航天器参数和元数据:

(1)影响阻力的未来空间天气条件(太阳活动和地磁场)。
(2)航天器的质量。
(3)航天器的大小、尺寸和方向。
(4)航天器的三维模型。
(5)支持姿态反演和寿命评估模式的航天器材料和反射率。

（6）作为时间函数的航天器姿态及其对所遇阻力的相关影响。

（7）为增强雷达和光学观测，采用无源射频探测所需的航天器通信频率和射频方向性。

（8）航天器活动/状态（活跃、运行、报废、休眠、部分失能）。

（9）航天器的控制规律和自主水平（它是否决定何时移动，以及飞行动力学工程师能够预测航天器未来（或过去）行为的程度）。

（10）航天器操作员的未来机动计划，特别是采用推力矢量转向控制律的低推力机动，或者具有占空比或快速序列的机动。

（11）未知的动量卸载控制序列与影响轨道的姿态变化。

（12）航天器运营商管理、飞行动力学和射频干扰人员的联系信息。

这些方面直接影响我们对作为时间函数的总扰动力加速度的估计能力，没有加速度信息，就不可能外推轨道位置，也不可能评估碰撞风险及其对空间环境的潜在影响。其中一些方面，或者至少像弹道系数这样一些方面的组合，可以通过定轨过程、雷达散射截面（RCS）或目视星等（Vmag）测量来估计或推断。但这样做的成本可能会非常高：这种估计可能有非常大的不确定性，导致碰撞威胁识别和风险描述会出现数量级错误。

除空间天气外，这些信息可以由航天器运营商直接和权威地提供，因为他们是自身航天器的专家。通过实施知识产权保护的法律和计算架构，空间态势感知和空间交通管理系统可以产生实质上更准确的产品，从而减少第Ⅰ类（假阳性）和第Ⅱ类（假阴性）飞行安全错误。

2.14 算法真的很重要：火箭科学更是如此

在开发新的空间态势感知和空间交通管理系统时，很容易错误地将硬件（设施、传感器、计算和网络基础设施、电力备份系统、地理分散性）置于算法和软件之上。虽然硬件确实很重要，但空间态势感知和空间交通管理系统经常因为没有把算法、先进分析方法、多样性指标和风险描述，以及质量控制和空间态势感知过程比较置于较高优先级而失败。

在新空间时代，我们需要优先引入先进技术，开发全新的算法，大幅提高定轨和预测精度（如将地球静止轨道的 2σ 误差降低到 $40\sim 200m$，低地球轨道的降到 $25\sim 75m$）。以下都是需要整合的先进技术：

（1）输入数据来源以及传感器和空间态势感知信息的排队。

（2）了解信息是如何生成的以及相关的元数据。

（3）自动化的全源传感器度量观测融合（所有格式/标准/现象）。

（4）包括过程噪声项的先进序列滤波器，以准确估计轨道及其相关的现实误差描述。

(5) 采用能极大地提高近实时 (NRT) 探测、处理和表征机动响应能力的定轨方法，本质上要求一接收到机动后数据就对轨道位置进行更新。

(6) 旨在确定行为/寿命模式的趋势分析。

(7) 评估敌对意图的工具。

(8) 识别可能影响操作和交会评估异常情况的工具。

(9) 用来确定和降低可疑传感器数据比重的空间态势感知比较和质量控制新机制。

(10) 风险分析和风险接受权衡。

(11) 碰撞规避描述和决策支持工具。

(12) 对观测到的碰撞建模并迅速通知相关航天器运营商的技术，这些运营商将面临由此产生的碎片场的巨大风险。

2.15 算法和输入：综合性全源数据融合场景

航天器运营商面临着越来越多的碰撞威胁，这些威胁不但降低了安全水平，并消耗分析人力、管理和机动燃料资源。通过确保空间物体的预测位置尽可能准确，可以有效地减轻这一负担。准确性需要两个条件：①基于过去传感器观测和环境条件的精细历史轨道解算；②在预测轨道解的演化时，结合未来所有相关的扰动力（阻力、太阳辐射压力、航天器机动、动量卸载等）的最佳估计。

因此，轨道预测是以传感器观测、环境和空间天气预测以及扰动力（包括机动）的综合处理为基础的。传感器的观测是合作式的（如由航天器运营商提供的）或非合作式的（独立观测，如跟踪轨道碎片所需要的）。表2.3描述了能够跟踪空间碎片和/或不发射信号航天器的传感器类型的一般优点和缺点。需要航天器发射射频能量的传感器的优点和缺点如表2.4所示。

表 2.3 能够跟踪空间碎片和航天器的传感器一般性能比较

传感器类型	地球静止轨道覆盖	低地球轨道覆盖	不依赖照明	全天候	距离	距离变化率	角度
单基地雷达	◐	●	●	●	●	◐	◐
双基地雷达	◐	●	●	●	●†	◐	●
光学望远镜	●	◐	○	○	○	○	●
无源射频（时差/频差）	●	●	●	●	●†	●	○
激光雷达	◐	●	●	◐	●	●	◐

说明：†—导出量；●—全部；◐—部分；○—很少或者没有此能力。

表 2.4　只能跟踪主动发射信号航天器的传感器一般性能比较

传感器类型	无须操作者合作	地球静止轨道覆盖	低地球轨道覆盖	不依赖于照明	全天候	距离	距离变化率	角度
航天器应答器测距和距离变化率	○	●	○	●	●	●	●	◐
1路多普勒	●	●	●	●	●	○	●	○
无线电望远镜	●	●	●	●	●	○	○	●
无源射频（时差/频差）	●	●	●	●	●	●†	●	○
板载全球卫星导航系统	○	●	●	●	●	●†	●†	●†

说明：†—导出量；●—全部；◐—部分；○—很少或没有此能力。

一种能够显著提高定位准确度但经常被忽略的方法是应用先进的定轨算法，该算法尽可能广泛地包含传感器数量、传感器类型和观测几何形状。这样做的好处如图 2.15 所示。该图比较了仅使用雷达或无源射频观测、仅使用光学望远镜观测或联合观测获得的跟踪目标的估计标称位置周围 2σ 误差球或椭球。这说明了当雷达和光学观测相结合或融合时，可以获得大幅度减少的误差椭球。

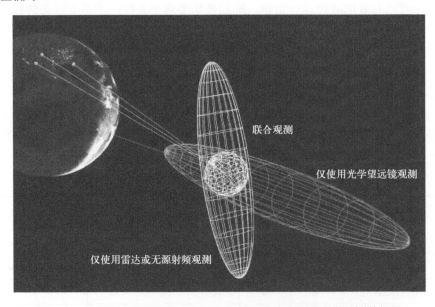

图 2.15　雷达和光学观测融合相对于只采用雷达观测或光学观测的好处

类似地，图 2.16 展示了如何通过将运营商测距和光学测量融合在一起来显著减小误差。运营商测距是指运营商通过测量光或无线电波到达卫星并返回所花费的时间来确定卫星的位置。

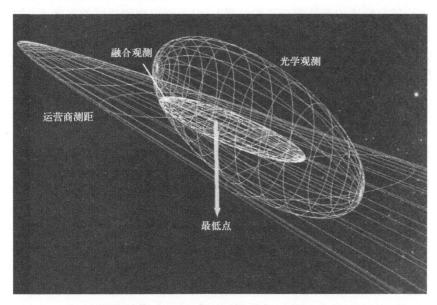

图 2.16 运营商应答器测距和光学观测融合相对于只采用运营商应答器测距或光学观测的好处

最后,图 2.17 显示了如何通过融合光学和无源射频观测来进一步增强无源射频传感器提供的已经相对准确的轨道位置。

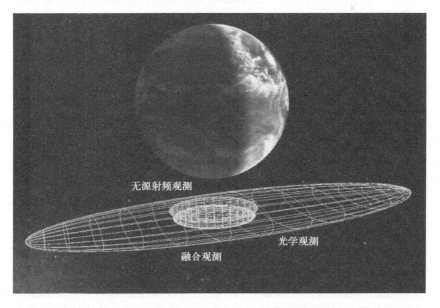

图 2.17 无源射频和光学观测融合相对于只采用无源射频观测或光学观测的好处

由表 2.3 和图 2.13~图 2.15 可知，光学传感器通常能观察到垂直于视线的方向（一般在轨道内和轨道交叉的位置），但不能观察到视线的方向（大约径向方向）。这就是为什么所描述的不确定性体积主要与径向方向对齐。也就是说，通过对连续轨道的一系列光学跟踪观测，可以改善轨道的半长轴和偏心率估计，从而得到更准确的径向位置。

相反，测量或可以直接估计相对距离的跟踪器（雷达、无源射频、激光雷达、运营商应答器测距）主要观测径向位置（大约沿着视线），导致在垂直于视线方向（在轨道内和轨道交叉方向）存在较大的不确定性。

2.16 迫切需要改进空间态势感知和空间交通管理的情况

在当今复杂的空间运行环境中，从空间中获得的利益以及宇航员、航天器、商业空间工业和一般公众的福利保障是非常微弱的。航天器运营商没有收到执行安全操作和确保空间可持续性所需的决策质量的空间态势感知和空间交通管理信息。

鉴于目前的飞行安全限制以及新知识和空间交通的预期增长，当前能力已不再充足。飞行安全服务产生了太多的虚警，漏掉了太多的严重威胁。虚警使得航天器运营商浪费宝贵的人力资源和燃料，尽管 96%的潜在致命空间物体仍未被跟踪。此外，过时的空间跟踪算法、质量控制不足和透明度缺乏都降低了飞行安全性。我们利用传统的工具和算法来决定运营商收到的空间态势感知信息质量。现在是我们就空间交通管理系统必须满足的一系列关键需求达成共识，并使之变为现实的时候了。

很容易理解我们是如何陷入这种境地的：当涉及空间态势感知和空间交通管理时，传统跟踪和分析系统不是使用全面的、自上向下的、基于需求的方法构建的。虽然空间监视网对长期可持续性做出了巨大的贡献，但重要的是要认识到这个系统主要是以一种零碎的方式构建的。许多空间监视网专用、兼用和有贡献传感器最初都是按非空间态势感知或空间交通管理目的设计和操作的。指望这样一个系统能够充分解决空间态势感知和空间交通管理的许多挑战是不现实的。

我们现在将检查当前和预期的飞行安全需求是如何未得到满足，并迫切需要更好的空间态势感知和空间交通管理系统。

2.16.1 当前的空间碎片环境

虽然电影《地心引力》很吸引人，但它并没有为建立一个坚实的空间碎片政策提供一个现实的背景和基础。好莱坞对空间碎片情况的描述类似于图 2.18

所示的夸张描述，会让人相信宇宙飞船在空间中碰撞频繁且不可避免。这是错误的，并具有误导性。

图2.18 对空间碎片问题的夸大描述（资料来源：Adobe）

与此同时，电影《地心引力》的一个方面确实听起来很真实：碰撞会对空间环境产生严重影响；空间碰撞和爆炸造成了空间物体密度的急剧增加。公开跟踪的物体空间密度（单位体积内空间物体数量）的拥挤情况如图2.19所示。还有许多不能精确跟踪的物体，与这些物体的碰撞也会造成航天器任务提前终止。打个比方，在过去60年里，我们在空间中修建了一条高速公路，而它正慢慢被汽车填满。目前天还没有塌下来，但随着某些轨道上碎片的数量在短短10年内增加了100倍[22]，这种情况可能很快就会发生。

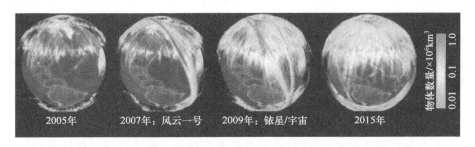

图2.19 按来源的空间交通管理属性定义比较（彩图见插页）

如果公众对风险感到不知所措，那么宣传风险可能是有害的。空间碎片的状况真的会那么糟糕吗？毕竟，我们每天都在空间中操作，而且空间碰撞并不是经常出现在公众的视线中。

2.16.2 碰撞已经在发生

事实上，在低地球轨道和地球静止轨道，这种碰撞已经发生，并将继续发生。其中最严重的两次碰撞是2007年中国用导弹击毁"风云"气象卫星的空间试验，以及2009年"铱星"与"宇宙号"的意外碰撞。图2.19中间两幅图像中的强条带显示了这些碰撞产生的碎片。俄罗斯报告称，2019年，在国际空间站[23]周围4km的安全半径范围内，发生了63起越线事件。在空间中，大型碎片物体（如已丢弃的上面级和已报废的航天器）之间经常反复接近[24]。操作人员越来越多地观察到航天器与小到无法被官方跟踪的碎片相撞，尽管这类事件不经常被报道。

这种碰撞令人不安，可能会终止航天器的任务，同时航天器和碎片的进一步增加可能在某个时候触发凯斯勒综合征，这是一种碰撞的连锁反应，其通过降低导航、通信、对地成像和其他关键服务，对空间运行能力产生不利影响。在这种情况下，两个大型碎片的碰撞会产生许多又大又重的碎片，这些大型碎片依次与其他大量的航天器或火箭实体碰撞，这些二级碰撞将导致三级碰撞等，每一个级联碰撞产生的碎片质量和数量都足够大，以致链式反应能够自我维持。

这种循环称为"生态阈值"，在该点上，外部条件相对较小的变化或干扰都会导致生态系统快速指数性的变化。在这里，这个生态系统就是空间。一旦超过生态阈值，生态系统可能再也无法通过其固有的弹性（如在空间中，阻力、引力共振、太阳辐射压力以及其他自我净化和清除轨道碎片的自然力量）恢复到以前的状态。在这些条件下，地球的轨道环境将受到不可逆的损害。

目前，虽然尚不清楚我们是否冒险越过了在任何轨道机制上安全有效地进行空间运行的临界点，但有两件事情已经变得非常清楚。首先，低地球轨道和地球静止轨道都存在持续和实质性的碰撞风险。其次，减轻这种风险需要卫星运营商、空间物体跟踪实体和飞行动力学家始终保持警惕，花费大量的资源和精力，以确保当前和子孙后代安全有效地利用空间。

2.16.3 空间中碰撞和爆炸的长远影响

公众和空间决策者/运营商的一个普遍误解是，航天器碎片往往是局部事件，只影响轨道高度相似的或者地球静止轨道区域邻近的航天器。最近，人们已经清楚地认识到空间碰撞或爆炸的长远影响有多大，包括空间碰撞或爆炸解体事件对空间所有轨道体制和地球静止轨道所有经度位置航天器可操作性和商

第 2 章 塑造我们对空间运行环境的认知

业系统生存能力的不利影响[25-26]。

让我们研究一下碰撞引起的碎片事件是如何对空间物体产生不利影响的。在下面的描述中，体积区域是一个时间函数，表示碎片可能占据的空间部分。一个碎片出现在感兴趣的特定位置和时间的可能性是用碎片特征长度和从碎片事件转移速度的双变量概率密度函数（PDF）来表示的。计算细节可参阅参考文献[24-25]，为简洁起见，这里不再进行展开。但值得强调的是，似然标度中的每个整数的减量都代表了一个碎片存在的可能性减小 10 倍。因此，虽然这些数字准确地描述了碎片所能占据的巨大空间，但请注意，最远的区域通常代表了碎片存在的可能性非常低（但不是零）。

前面提到的中国反"风云"1C 空间试验如图 2.20（a）～图 2.20（c）所示，假定的地球静止轨道碰撞如图 2.20（d）所示。"铱星"33 和"宇宙"2251 碰撞如图 2.21 所示。请注意，为了更好地描绘涉及的体积，其中一些图采用了不同的对数梯度标尺。

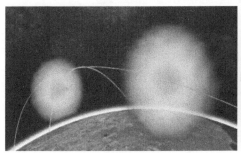

(a) "风云"1C空间试验170s碎片场的体积演化

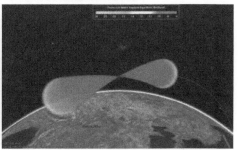

(b) "风云"1C空间试验后前4min碎片场可能位置的体积总量

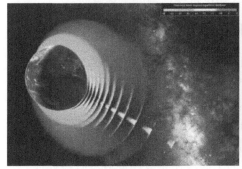

(c) "风云"1C空间试验后前3h潜在碎片场的体积总量

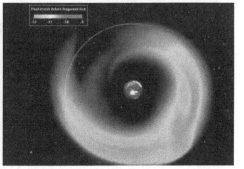

(d) 在假设的地球静止轨道碰撞后的前26h潜在碎片场的体积总量

图 2.20 "风云"空间试验和假定的地球静止轨道碰撞（彩图见插页）

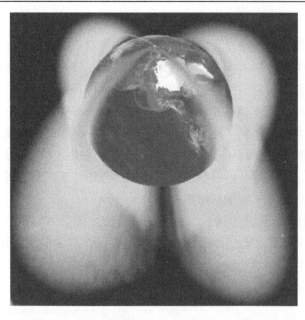

图 2.21 "铱星" 33 号/"宇宙" 2251 号碰撞后前 3h 期间碎片可能位置的体积总量（彩图见插页）

也许在所有这些描述中最值得注意的是，低地球轨道和地球静止轨道碰撞产生的碎片可能会影响所有的轨道机制。两次真实碰撞有可能将碎片发送到 26000km 高度，而地球静止轨道碰撞可以将碎片发送到地球表面，并在事件发生后的一天内包围大部分地球静止轨道带。

尽管碰撞后的较高轨道高度碎片散布子体积（图 2.20（c）和图 2.21）表明，碎片在那里存在的可能性较低，但这些描述清楚地表明，低地球轨道和地球静止轨道的碰撞和爆炸都将对空间活动的长期可持续性构成全球威胁。

2.16.4 操作人员已经在努力开展响应性操作、识别和避免碰撞

过去运行航天器的碰撞和 2020 年 1 月 29 日两个报废航天器的极度接近证明，今天的飞行安全方法是不够的。尽管避免产生碎片的碰撞是空间活动长期可持续性的核心支柱，但今天的低地球轨道和地球静止轨道运营商往往无法判断何时需要碰撞规避机动，这通常是由于运营商和国家提供数据的轨道准确性、精度、完整性、及时性和透明度方面的限制。

此外，估计有 40% 的航天器和 35% 的上面级在完成任务后没有被处理[27]，限制其任务后在低地球轨道和地球静止轨道保护区的存在。然而，我们现在认识到，航天器任务后处置成功率是确保空间可持续性的关键参数之一，为确保空间活动的长期可持续性，可能需要高达 95% 的处置率。另外，有时航天器和上面级没有适当地钝化，以耗尽所有可能导致爆炸性解体事件的能源。

2.16.5 活跃卫星的数量可能增加 10 倍

我们正在进入一个无可比拟的变革阶段。随着新空间时代的到来，一切照旧已不再可行。许多人不知道大型星座的冲击波即将到来。已向国际电信联盟（ITU）和美国联邦通信委员会（FCC）提交了计划，或者在媒体上宣布在未来 10 年内建造、发射和运行的航天器超过 58000 个，运行航天器的数量将增加 10 倍（图 2.22）。我们承认，这些航天器应用中可能只有一部分能够付诸实施，但即使只有 10%～50%的星座建成，我们仍然可以看到未来 10 年活跃的航天器规模比今天正在飞行的大 4～10 倍。仅 2021 年一年，活跃的空间物体规模就将接近翻番。在这 58000 个航天器应用中，美国公司提出的航天器数量是其他任何国家的 66 倍，相当于当今所有正在飞行的航天器数量的 25 倍。

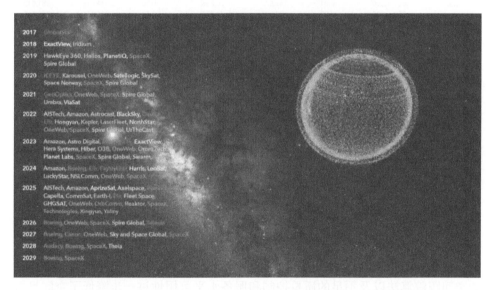

图 2.22 拟在 2019—2029 年建设且已提交申请的大型星座（彩图见插页）

这是一个令人兴奋的空间时代，但它要求我们在监管、空间态势感知和空间交通管理方面做好准备。在这些大型星座中飞行的技术先进的航天器也将使用更复杂的技术进行操作。通常采用小推力推进，配置星载自主导航和碰撞规避系统。低推力机动可能会使没有机动估计能力的旧空间态势感知系统面临困难。

大型星座将经历数百万次近距离接近，需要数千次规避机动，其中许多达到 2020 年 1 月 29 日红外天文卫星和重力梯度稳定试验 4 号航天器这两个报废航天器的接近距离，甚至比它们之间的距离还要近。我们更新后的研究结果[28]如图 2.23 所示，其描述了大型星座与目前跟踪的目录（中间 3 列）和 1cm 以上的估计目录（右边 3 列）之间预期的高碰撞率、3km 警告次数和 1km 机动次数。如果不进行监测，则很可能发生许多碰撞。例如，据估计正在开发的由 4425 个航天器组成的星链星座在 10 年的任务期间将经历 200 万次近距离接近，如果不加以缓解，将与目前跟踪到的碎片发生 6 次潜在的环境改变性碰撞，另外，还可能与小至 1cm 大小的空间物体整体发生 71 次潜在的任务终结性碰撞。

运营商	# S/C	Alt/ (km)	目前（小于10cm）太空中存在的物体目录			200000（约2cm）太空中存在的物体目录		
			估计10年内发生的碰撞	平均数目 10年内 3km警告	10年1km机动	估计10年内发生的碰撞	平均数目 10年内 3km警告	10年1km机动
AISTech_Danu	300	591	0.07	479,649	53,294	0.19	4,635,985	515,109
Amazon	3,236	590	0.18	3,768,872	418,764	0.09	36,120,810	4,013,423
Boeing_1	1,120	1,200	0.14	331,965	36,885	1.09	4,739,224	526,580
Boeing_2	1,210	550	0.10	234,358	26,040	0.84	3,646,359	405,151
Boeing_3	1,000	585	0.23	1,812,814	201,424	0.59	16,903,756	1,878,195
CommSat	800	600	0.07	1,362,606	151,401	0.03	12,835,938	1,426,215
ExactView	72	820	0.21	326,914	36,324	1.10	2,768,355	307,595
Hongyan	300	1,100	0.04	241,520	26,836	0.16	3,434,461	381,649
Iridium	85	781	0.06	399,037	44,337	0.12	2,514,772	279,419
LuckyStar	156	1,000	0.02	318,736	35,415	0.01	2,616,385	290,710
OneWeb	2,560	1,200	0.32	754,868	83,874	2.49	10,832,946	1,203,652
OneWeb_next	720	1,200	0.17	286,598	31,844	1.69	4,726,261	525,140
Satellogic	300	477	0.02	236,040	26,227	0.02	2,254,977	250,553
SpaceX	4,425	1,200	6.43	2,050,452	227,828	77.73	30,310,084	3,367,787
SpaceX_VLEO	1584	550	3.45	1,101,453	122,384	35.63	13,894,159	1,543,795
Space_X_M-T	20,940	500	43.13	13,753,896	1,528,211	404.53	157,747,388	17,527,488
Space_X_U-W	9,000	330	0.93	347,030	38,559	21.86	10,053,221	1,117,025
Theia	211	775	1.08	783,728	87,081	7.57	7,520,310	835,590
Xingyun	156	1,000	0.04	360,898	40,100	0.06	2,831,654	314,628
Yaliny	140	1,000	0.03	321,780	35,753	0.05	2,599,648	288,850

图 2.23　前 20 个拟议的大型星座的碰撞、警告和机动率

虽然全球活跃的航天器数量将在未来 10 年增长，但我们确实有几年的时间来为即将到来的快速增长做准备。

2.16.6　跟踪到的碎片数量可能增加 10 倍

据估计，目前只跟踪到 4% 的低地球轨道和地球静止轨道空间物体。过时的空间跟踪算法以及不足的质量控制和服务水平可用性进一步降低了空间目录的完整性、准确性、及时性和透明度。

这些不足很快就可通过即将运行的空间篱笆和商业雷达跟踪公司进展得以弥补。这意味着，如果我们只考虑已经在空间中但迄今为止尚未跟踪到的物体，被跟踪的空间物体数量可能很快会增加 10 倍。

2.16.7　交会与接近操作和在轨服务的出现

交会与接近操作和在轨服务（OOS）航天器的出现进一步增加了复杂性。在轨服务平台任务扩展飞行器（MEV-1）和其他正在准备飞行的碎片主动清除（ADR）平台，进一步凸显了我们未来空间环境的日益复杂性。

2.16.8　更多的商业和国际空间运营中心

有人估计，到 2025 年，全球空间态势感知市场的规模将达到 11 亿美元。美国商业空间态势感知和空间交通管理服务提供商通过采用创新的、节省成本的硬件、算法和软件，在这个全球市场上处于领先地位。这些创新的直接结果是，随着更多较小碎片的轨道比以往任何商业航天器运营商获得的都要精确，空间目录正在增长。对美国的商业空间态势感知提供商来说，不幸的是，美国政府并没有成功地找到将此类商业空间态势感知服务纳入政府飞行安全分析和产品的方法。美国政府向航天器运营商免费提供空间态势感知和空间交通管理服务，尽管为所有人的利益促进飞行安全，但同时也表示与提供商业空间态势感知和空间交通管理服务的美国公司直接竞争（如果不解决这个竞争，这些公司可能很快就会倒闭）。

2.16.9　比之前需要更多的空间交通协调

总的来说，航天器数量的爆炸性增长将改变碰撞类型的统计数据，使活跃航天器两两之间接近次数增加到历史新高。这进一步强调了对强劲、受保护和可验证的信息池和标准化需求的必要性。

2.16.10　空间行为者的增加

我们正处于空间行为者数量的爆炸性增长之中。立方星和批量生产的小卫星的普及降低了采办和发射航天器的成本。

2.16.11　不断增加的空间飞行器和操作复杂性

大型星座预期的高交会率自然会增加人们对尚未证实的自动碰撞规避的期望。自动规避意味着航天器可以自行决定何时采取何种最佳规避策略。然而，如果这种策略不与其他航天器运营商共享，那么这两个航天器可能都会直接撞向对方。

在航天器推进方面有了一些进步。一般情况下，大型星座通常会使用小推力推进。除了需要更多的规避时间，小推力机动还会给不具备机动估计能力的旧空间态势感知系统带来困难。

许多立方星通过差动阻力和增阻帆机动。在差动阻力中，运营商改变航天器相对于星座中其他卫星的姿态，通过"捕捉风"来机动。增阻帆显著增加阻力，使航天器比不采用增阻帆更快地进入大气层。这两种技术都会给一些空间态势感知系统带来挑战。

2.16.12 更先进的空间态势感知处理算法和可扩展的体系结构

尽管空间态势感知已经发展了上百年，但在先进空间态势感知相关的天体动力学、定轨和碰撞风险评估算法的发展方面仍有很多需要进步的空间。内置机动检测和描述的序列滤波器的应用，使得空间态势感知系统能够更加灵活地响应不停机动的活跃空间物体群体。这些先进的算法需要在可扩展的架构中实现，以应对与新空间时代相关的激增的空间物体规模。

2.17 关于空间态势感知和空间交通管理的总结

我们讨论了与术语"空间态势感知"和"空间交通管理"相关的各种定义，描述了它们的主要组成部分，并说明了为什么空间态势感知和空间交通管理是具有挑战性的任务。首先，解释了标准的交会评估过程，并列举了提供此类服务的商业、国家和国际实体。其次，将注意力转向空间标准和商业最佳实践的重要性、全球空间数据交换的关键性以及对先进算法和数据融合的需求。最后，描述了当前的空间环境以及目前和未来面临的飞行安全挑战。

鉴于在未来 10 年内，活跃航天器的数量和我们对碎片规模的了解都将出现爆炸性增长，全球获得及时、准确、全面、透明、高可用性和基于标准的空间态势感知和空间交通管理服务，将是确保飞行安全、减少射频干扰和实现空间活动长期可持续性的基础。

如果管理得当，情况还不算严重，但低地球轨道和同步轨道都存在实质性和持续的碰撞风险。这些碰撞风险以及碎片事件的深远和持久影响令人警醒。目前，虽然我们面临着空间态势感知挑战，但广泛利用先进算法、研究、众包，以及航天器运营商、政府和商业空间态势感知数据融合，可以为解决这些空间态势感知挑战提供所需的关键能力和数据。

缩略语

18SpCS　United States Air Force 18th Space Control Squadron　美国空军第 18 空间控制中队

AoR　Area of Responsibility　责任区

ASAT　Anti-Satellite weapon　反卫星武器

ATC　Air Traffic Control　空中交通管制

CA　Conjunction Assessment　交会评估

第2章 塑造我们对空间运行环境的认知

COLA　Collision Avoidance　碰撞规避
CCSDS　Consulative Committee for Space Data System　（国际）空间数据系统咨询委员会
CNES　Centre National d'études Spatiales　法国国家空间研究中心
COPUOS　Committee for the Peaceful Use of Outer Space　和平利用外层空间委员会
CSpOC　United States Combined Space Operations Center　美国联合空间作战中心
DoD　United States Department of Defense　美国国防部
ESA　European Space Agency　欧洲航天局
EU　European Union　欧盟
EUSST　European Union Space Surveillance and Tracking　欧盟空间监视和跟踪
FCC　United States Federal Communications Commission　美国联邦通信委员会
FHR　Fraunhofer Institute for High Frequency Physics and Radar Techniques　弗劳恩霍夫高频物理和雷达技术研究所
GEO　Geostationary Earth Orbit　地球静止轨道
GNSS　Global Navigation Satellite System　全球卫星导航系统
GRAVES　Grand Réseau Adapté à la Veille Spatiale　"格拉维斯"
IADC　Inter-Agency Space Debris Coordination Committee　机构间空间碎片协调委员会
ICAO　International Civil Aviation Organization　国际民用航空组织
ISO　International Organization for Standardization　国际标准化组织
ISON　International Scientific Observation Network　国际科学光学观测网
ITU　International Telecommunication Union　国际电信联盟
LCOLA　Launch Collision Avoidance　发射碰撞规避
LEO　Low Earth Orbit　低地球轨道
LIDAR　Light Detection and Ranging　激光雷达
LTS　Long-Term Sustainability of space activities　空间活动长期可持续性
MSL　Mean Sea Level　平均海平面
NASA　National Aeronautics and Space Administration　美国国家航空航天局
OA　Observation Association　观测关联
OD　Orbit Determination　定轨
OODA　Observe/Orient/Decide/Act Decision Processing Loop　观察/判断/决策/行动
OOS　On-Orbit Servicing　在轨服务
RCS　Radar Cross Section　雷达散射截面

RF   Radio Frequency   射频

RFI   Radio Frequency Interference   射频干扰

RPO   Rendezvous and Proximity Operations   交会与接近操作

RSO   Resident Space Object   常驻空间物体

SDA   Space Data Association (context specific)   空间数据协会（特定上下文）

SDA   Space Domain Awareness (context specific)   空间域感知（特定上下文）

SDC   Space Data Center   空间数据中心

SEM   Space Environment Management   空间环境管理

SGP   Simplified General Perturbations Orbit theory (and associated propagator)   简化常规摄动轨道理论（及相关外推）

SOCRATES   Satellite Orbital Conjunction Reports Assessing Threatening Encounters in Space   苏格拉底报告（评估威胁遭遇的卫星轨道交会报告）

SPD   United States Space Policy Directive   （美国）空间政策指令

SSA   Space Situational Awareness   空间态势感知

SSC   Space Safety Coalition   空间安全联盟

SSN   Space Surveillance Network   空间监视网

SSR   Space Sustainability Rating   空间可持续性评级

SST   Space Surveillance and Tracking   空间监视与跟踪

SSO   Satellite Servicing Operations   卫星服务操作

STC   Space Traffic Coordination   空间交通协调

STM   Space Traffic Management   空间交通管理

TAROT   Télescope à Action Rapide pour les Objets Transitoires   "泰罗特"望远镜

TIRA   Tracking and Imaging Radar   跟踪和成像雷达

UN   United Nations   联合国

USAF   United States Air Force   美国空军

UTM   Unmanned Aircraft System Traffic Management   无人机系统交通管理

Vmag   Visual Magnitude   目视星等

WNCO   Willing Non-Contributor Operator   有意愿没贡献的运营商

WEF   World Economic Forum   世界经济论坛

词汇表

美国空军第 18 空间控制中队：位于加利福尼亚州范登堡空军基地的空间控制单位，任务是为空间监视网提供 7×24h 支持，维护空间目录，并管理美国战略司令部与美国、外国政府和商业实体的空间态势感知共享计划。

碎片主动清除：部署航天器对较大碎片和退役卫星进行捕获与离轨的过程。

反卫星武器：为战略性军事目的设计的使卫星丧失能力或摧毁卫星的空间武器。

责任区：分配给统一指挥计划指挥官的预先确定的地理区域，用于确定具有特定地理边界的区域，在该区域，他们有权计划和开展行动；部队或分队指挥官对此负有一定责任。

CelesTrak：第一个公共空间数据门户，由 T.S. Kelso 博士于 1985 年创立。

美国联合空间作战中心：美国领导的多国空间作战中心，为美国空间司令部的联合部队空间组成部队司令部提供空间部队的指挥和控制。

商业空间运行中心：由分析图形公司开发的空间态势感知设施，跟踪空间物体以监测威胁并维持空间安全。

碰撞：任何类型的两个物体在轨道上相互碰撞时发生的事件。

碰撞规避：采取像活跃载荷机动这样，以减轻交会事件中即将发生碰撞的风险的程序。

交会：两个常驻空间物体在轨道上的近距离相遇。

交会评估：识别空间物体之间近距离相遇的空间飞行安全分析。

交会数据报文：交会评估数据创始人与卫星所有者/运营者之间交会信息数据交换的国际标准化机制；潜在碰撞风险的通知方法。

国际空间数据系统咨询委员会：制定空间飞行通信和数据系统标准的多国论坛，成立于 1982 年。

欧盟卫星中心：提供快速可靠的卫星数据分析，以应对当前安全挑战的欧盟中心。

欧盟空间监视和跟踪：欧盟探测、编目和预测绕地球运行的空间物体运动的能力。

地球静止轨道：地球同步轨道的一种特例，在地球赤道平面上有一个圆形地球同步轨道，其轨道周期与地球绕其轴自转相匹配，为 23h56min4s（一个恒星日）。

全球卫星导航系统：自动向许多设备提供地理空间定位的卫星星座，允许带有适当接收器的电子设备确定其在地球表面的精确位置。

机构间空间碎片协调委员会：一个政府间论坛，其目的是协调处理绕地球轨道碎片的行动，成立于 1993 年。

国际民用航空组织：在 1944 年建立，管理《国际民用航空公约》（芝加哥公约）的行政和治理的联合国专门机构。

国际科学光学观测网：一个国际项目，目前由大约 10 个国家的 20 个观测站的 30 台望远镜组成，这些观测站被组织起来探测、监测和跟踪空间物体。

国际标准化组织：由来自不同国家标准组织的代表组成的国际标准制定机构，旨在推广全球专有、工业和商业标准，成立于 1947 年。

外层空间活动的长期可持续性：关于空间活动政策和管理框架，空间作业的安全，国际合作、能力建设和感知，以及科技研发的一套指南（由联合国和平利用外层空间委员会采纳）。

低地球轨道：以地球为中心、高度为 2000km 或更低（约为地球半径的 1/3），或每天至少 11.25 个周期（轨道周期为 128min 或更短），偏心率小于 0.25 的轨道。

中地球轨道：低地球轨道（海拔 2000km）以上和地球同步轨道（海拔 35786km）以下的地球周围空间区域，有时称为中间圆轨道。

月球条约：关于各国在月球和其他天体上活动的协定（1979 年）；没有得到任何航天大国的批准。

新空间：一场包含全球新兴私人航天产业的运动和理念。具体而言，该术语指独立于政府和传统主要承包商的新航空航天公司和企业组成的全球部门。这些部门以更快、更好和更便宜的方式进入空间和在轨飞行，其由商业目的而不是政治或其他动机驱动，旨在实现更广泛、更面向社会经济的目标。

观测关联：确定哪些传感器观测/轨迹属于哪些物体，并应用于更新物体轨道参数的过程。

在轨服务：对已发射卫星（或卫星部件）的修理、翻新、加注、升级和/或组装。

轨道数据报文：用于空间物体轨道、协方差、物理特性、机动性和状态转换矩阵数据交换的国际标准化机制。

定轨：对月球、行星和航天器等空间物体轨道的估计。

外层空间条约：构成国际空间法基础的条约。形式上是指关于各国探索和利用包括月球和其他天体在内外层空间活动的原则条约。

射频干扰：导致电子或电气设备产生噪声的射频能量传导或辐射，通常会干扰相邻设备的功能。它还指由于射电天文学的干扰而中断卫星的正常功能。

登记公约：关于登记射入外层空间物体的公约（1976 年）。

交会与接近操作：两个航天器到达同一轨道并非常接近（如在目视发现范围内）的轨道机动。要求两个航天器的轨道速度和位置矢量精确匹配，允许它们通过轨道控制保持在恒定的距离，可能会也可能不会进行使航天器物理接触并产生连接的对接或停泊。

《营救协定》：《关于营救、送回航天员和送回发射到外层空间实体的协定》

（1968年）。

　　常驻空间物体：任何类型的在轨物体，如卫星（活跃或废弃）、用过的火箭体或碎裂的碎片。

　　卫星目录：在轨物体的"1～N"编号和识别系统。

　　评估威胁遭遇的卫星轨道交会报告：用于评估有威胁的空间交会事件的卫星轨道交会评估报告。一个在线遭遇评估工具，2004年添加到CelesTrak。

　　空间数据协会：一个商业航天器运营商自行成立的国际组织，目的是在一个计算和法律上受保护的框架内，对空间运营商、空间态势感知数据和对空间环境的安全和完整性至关重要的信息进行受控、可靠和有效的汇集。

　　空间数据中心：空间数据协会的运行平台，由空间数据协会所信赖的技术合作伙伴分析图形公司运营，通过综合从成员公司以及其他可用的空间物体信息来源获取的空间物体信息，提供交会评估和预警服务。

　　空间域感知：通过被动或主动方式，维护空间物体目录和相关轨道信息，以及识别、描述和理解与空间域相关的任何因素或行为，这些因素或行为可能影响空间运行，从而潜在地影响国家的安全、经济和环境。

　　空间责任公约：关于空间物体所造成损害的国际责任公约（1972年）。

　　美国空间政策指令3：一项侧重于空间交通管理的空间指令，将向卫星运营商提供空间态势感知数据的责任从国防部转移到商务部；提供指南和方向，以确保随着商业和民用空间交通的增加，美国在提供安全和有保障的环境方面处于领先地位。特朗普于2018年签署。

　　空间安全联盟：由公司、组织以及其他政府和行业利益相关方组成的特设联盟，通过采用相关国际标准、指南和实践，以及制定更严格和有效的自愿空间安全准则和最佳实践，积极促进负责任的空间安全。

　　空间态势感知：对空间物体及其运行环境的了解和表征，以支持安全、稳定和可持续的空间活动。

　　空间监视网：由雷达、光电和无源射频传感器组成的遍布全球的网络，用于探测、跟踪、编目和识别围绕地球运行的人造物体。

　　空间可持续性等级：代表飞行任务可持续性的分值，它与碎片减缓和符合国际准则有关，是世界经济论坛的一项倡议。

　　空间交通管理：空间活动的规划、协调和在轨同步，以提高空间环境中操作的安全性、稳定性和可持续性。

　　技术成熟度：一种在项目采办阶段评估技术成熟度的方法，20世纪70年代由美国航空航天局开发。

　　两行轨道根数：一种数据格式，对给定时间点（历元）的地球轨道物体的轨道元素列表进行编码。

联合国和平利用外层空间委员会：由联合国大会于 1959 年设立，旨在规范太空探索和利用，造福全人类。促进和平、安全与发展，审查和平利用外层空间方面的国际合作，研究联合国可开展的与空间有关的活动，鼓励空间研究项目，并研究探索外层空间所产生的法律问题。

美国空间司令部：美国国防部的一个一体化作战司令部，负责外层空间的军事行动，特别是在平均海平面 100km 及以上的所有行动。

美国空间部队：美国武装部队的空间作战军种分支，负责组织、训练和装备空间部队，以保护美国及其盟国在空间的利益，并为联合部队提供空间能力。

延伸阅读

European Space Policy Institute (2020). *ESPI Report 71 - Towards a European Approach to Space Traffic Management*. Editor and Publisher: ESPI. ISSN: 2218-0931 (print) and 2076-6688 (online).

The MITRE Corporation, the US Chamber of Commerce, and the National Cybersecurity Center (2020). *Understanding the Influence of Space Situational Awareness on Commercial Space Development*. `https://www.uschamber.com/report/understanding-the-influence -of-space-situational-awareness-commercial-space-development`.

Undseth, M., C. Jolly and M. Olivari (2020). *Space Sustainability: The Economics of Space Debris in Perspective*. OECD Science, Technology and Industry Policy Papers, No. 87, OECD Publishing, Paris, `https://doi.org/10.1787/a339de43-en`.

European Space Agency (2019). *ESA's Annual Space Environment Report* `https://www.sdo.esoc.esa.int/environment_report/Space_Environment_Report_latest.pdf`. Prepared by ESA Space Debris Office: Reference: GEN-DB-LOG-00271-OPS-SD.

European Space Agency (2008). *Europe's Eyes on the Skies – The Proposal for a European Space Surveillance System*. ESA Publications, Bulletin, No. 133, `http://www.esa.int/esapub/bulletin/bulletin133/bul133f_klinkrad.pdf`.

Oltrogge, D.L. and Alfano, S. (2019). *The technical challenges to better Space Situational Awareness and Space Traffic Management*. Journal of Space Safety Engineering `https://doi.org/10.1016/j.jsse.2019.05.004`.

Oltrogge, D.L. (2020). *Space Situational Awareness: Key Issues in An Evolving Landscape*. U.S. House Subcommittee on Space and Aeronautics testimony on 11-February 2020.

Oltrogge, D.L., (2019). *Addressing Space Traffic Management at Multinational, National and Industry Levels*. World Space Forum, Vienna.

Oltrogge, D.L. and Cooper, J.A. (2018). *Practical Considerations and a Realistic Framework for a Space Traffic Management System.* 18th Australian Aerospace Congress, Melbourne, Australia.

Kelso, T.S., and Oltrogge, D.L. (2018). *The Need for Comparative SSA.* IAC-18-A6.7.8, International Astronautical Congress (IAC), Bremen, Germany.

Oltrogge, D.L. (2018). *The "We" Approach to Space Traffic Management.* The 15th International Conference on Space Operations, Marseilles, France.

Berry, D.S., and Oltrogge, D.L. (2018). *The Evolution of the CCSDS Orbit Data Messages.* The 15th International Conference on Space Operations, Marseilles, France.

Oltrogge, D.L., Alfano, S., Law, C. , Cacioni, A., Kelso, T.S. (2018). *A comprehensive assessment of collision likelihood in Geosynchronous Earth Orbit.* Acta Astronautica (2018), doi:10.1016/j.actaastro.2018.03.017.

Alfano, S. and Oltrogge, D. (2018). *Probability of collision: Valuation, variability, visualization, and validity.* Acta Astronautica (2018), doi:10.1016/j.actaastro.2018.04.023.

Reesman R., Gleason M.P., Bryant, L., Stover, C. (2020). *Slash the Trash: Incentivizing Deorbit.* Center for Space Policy and Strategy. `https://aerospace.org/sites/default/files/2020-04/Reesman_SlashTheTrash_20200422.pdf`

参考文献

[1] National Space Policy of the United States of America, 28 June 2010. `https://www.space.commerce.gov/policy/national-space-policy/`.

[2] O. Stelmakh-Drescher. Space Situational Awareness and Space Traffic Management: Towards Their Comprehensive Paradigm. In *Space Traffic Management Conference, Embry-Riddle Aeronautical University, 17 November*, 11 2016.

[3] European Space Agency. "SSA Programme Overview", ESA Space Debris website (accessed on April 2, 2020). `https://www.esa.int/Safety_Security/SSA_Programme_overview`.

[4] C. Bonnal, L. Francillout, M. Moury, U. Aniakou, J. D. Perez, J. Mariez, and S. Michel. CNES technical considerations on space traffic management. *Acta Astronautica*, 167:296–301, 2020. `https://doi.org/10.1016/j.actaastro.2019.11.023`.

[5] "SSA - SatCen - European Union", SatCen website (accessed on April 2, 2020). `https://www.satcen.europa.eu/page/ssa`.

[6] Space Foundation website (accessed on April 2, 2020). `https://www.spacefoundation.org/space_brief/space-situational-awareness/`.

[7] United States Space Policy Directive 3. National Space Traffic Management Policy, 18 June 2018. `https://www.whitehouse.gov/presidential-actions/space-policy-directive-3-national-space-traffic-management-policy`.

[8] K.U. Schrogl, C. Jorgenson, J. Robinson, and Soucek A. "The IAA Cosmic Study on Space Traffic Management", United Nations Committee on the Peaceful Uses of Outer Space (UN COPUOS), 6 April 2017, Online. `http://www.unoosa.org/documents/pdf/copuos/lsc/2017/tech-10.pdf`.

[9] European Space Policy Institute. "ESPI Report 71: Towards a European Approach to Space Traffic Management", ISSN: 2218-0931 (print), 2076-6688 (online), January 2020.

[10] Marietta Benkö, Kai-Uwe Schrogl, Denise Digrell, and Esther Jolley. *Space Law: Current Problems and Perspectives for Future Regulation*, volume 2. Eleven International Publishing, 2005.

[11] Darren McKnight. Examination of spacecraft anomalies provides insight into complex space environment. *Acta Astronautica*, 10.036, 2017.

[12] The Space Safety Coalition. "best Practices for the Sustainability of Space Operations". `spacesafety.org`.

[13] D. Oltrogge. Space Data Association and SDA Conjunction Assessment Services. In *21st Improving Space Operations Support Workshop, Pasadena CA*, 2015.

[14] M. C. Smitham. The Need for a Global Space-Traffic-Control Service: An-Opportunity for US Leadership. Technical report, Air War College Air University Maxwell AFB United States, Maxwell Paper No. 57, 2010. `http://www.au.af.mil/au/awc/awcgate/maxwell/mp57.pdf`.

[15] Julian P. McCafferty. "Development of a Modularized Software Architecture to Enhance SSA with COTS Telescopes". `https://scholar.afit.edu/cgi/viewcontent.cgi?article=1438&context=etdhttps://scholar.afit.edu/cgi/viewcontent.cgi?article=1438&context=etd`, 2016.

[16] "12 Space Warning Squadron AN/FPS-120, Two-sided, Solid-state, Phased-array Radar System (SSPARS) at Thule Air Base". Public Domain. `https://en.wikipedia.org/wiki/File:Thule_12th_sws.jpg`, 2020.

[17] "The 143.050mhz Graves Radar: a VHF Beacon for Amateur Radio". `https://fas.org/spp/military/program/track/graves.pdf`, 2020.

[18] "Télescopes à Action Rapide pour les Objets Transitoires. Credit: Par ESO — `http://www.eso.org/public/france/images/tarot_lasilla-201201b/`, CC BY 4.0, `https://commons.wikimedia.org/w/index`.

第 2 章　塑造我们对空间运行环境的认知

php? curid=48472093. https://fr.wikipedia.org/wiki/T%C3%A9lescope_%C3%A0_action_rapide_pour_les_objets_transitoires, 2020.

[19] "Gelände der Fraunhofer-Institute in Wachtberg", image licensed under the creative commons attribution 3.0 unported license, https://en.wikipedia.org/wiki/en:Creative_Commons. https://commons.wikimedia.org/wiki/File:Fraunhofer-Gel%C3%A4nde_Wachtberg.jpg, 2020.

[20] Chilbolton Observatory, Credit: Original uploader was drichards2 at English Wikipedia. Transferred from en.wikipedia to Commons by Mike Peel using CommonsHelper., CC BY-SA 3.0, https://commons.wikimedia.org/w/index.php?curid=17571830. https://en.wikipedia.org/wiki/Chilbolton_Observatory#/media/File:Chilbolton_Observatory_3GHz_Radar_Antenna.jpg, 2020.

[21] D. L. Oltrogge and J. A. Cooper. Practical Considerations and a Realistic Framework for a Space Traffic Management System. In *AIAC18: 18th Australian International Aerospace Congress, Australia*. Engineers Australia, Royal Aeronautical Society., 2018.

[22] D. Oltrogge and S. Alfano. Collision Risk in Low Earth Orbit. In *IAC-16, A6,2,1,x32763, 67th International Astronautical Congress, Guadalajara, Mexico*, 2016.

[23] "Russian Federation Space Debris Mitigation Activities", 57th Session of the UN Scientific and Technical Subcommittee, Vienna Austria. https://www.unoosa.org/documents/pdf/copuos/stsc/2020/tech-36E.pdf, 2020.

[24] D. McKnight, D.L. Oltrogge, S. Alfano, R. Shepperd, S. Speaks, and J. Macdonald. "the Cost of Not Doing Debris Remediation". In *IAC-19,A6,2,7,x48725, 70th International Astronautical Congress, Washington, D.C*, 2019.

[25] D.L. Oltrogge and D.A. Vallado. Application Of New Debris Risk Evolution and Dissipation (DREAD) Tool To Characterize Post-Fragmentation Risk. In *2017 Astrodynamics Specialist Conference, Stevenson WA, AAS*, pages 17–600, 22 August 2017.

[26] D.L. Oltrogge and D.A. Vallado. Debris Risk Evolution And Dispersal (DREAD) for Post-Fragmentation Modeling. In *Hypervelocity Impact Symposium, Destin, FL, USA*, 14–19 April 2019.

[27] The European Space Agency Space Debris Office. ESA's Annual Space Environment Report. in v.3.2, Issued 17 July 2019.

[28] S. Alfano, D.L. Oltrogge, and R. Shepperd. LEO Constellation Encounter and Collision Rate Estimation: An Update. In *2nd IAA Conference on Space Situational Awareness, IAA-ICSSA-20-0021*, 14 January 2020.

第3章 空间碎片可持续性：理解和参与外层空间环境

Michael Clormann，Nina Klimburg-Witjes

近年来，在公众对空间活动的认识中，空间碎片已成为一个相当重要的问题。随着媒体报道、科普活动和利益相关方对轨道垃圾的兴趣越来越大，如何理解空间碎片将成为依赖空间服务的社会当下和未来亟待解决的社会技术挑战。与气候变化或海洋污染等问题类似，空间碎片表现为一个全球性的可持续性问题，要求我们从可持续社会未来的角度来考虑外层空间。然而，空间碎片在某些方面也不同于这些看似有可比性挑战，如它只能在诸如新空间兴起等最近空间部门迅猛发展的背景下加以理解。我们注意到安全问题以及外层空间环境的具体生态状况，概述了更好地刻画空间碎片在当代公共政策辩论中角色的可能途径。因此，我们提出了受科技研究（STS）影响的观点，强调空间碎片是一种双向风险现象。我们的结论是，在应对空间碎片的挑战方面，更广泛的社会参与可能对有效处理空间碎片至关重要，并提出了利益相关方参与的潜在途径。

3.1 引言

随着世界各地数十亿人依赖空间系统来为他们的日常生活提供便利，从导航到环境服务，从科学到通信、危机响应、银行和交通，空间可持续性已越来越多地作为安全问题进行谈论。然而，最近新空间轨道淘金的前景受到旧空间传统问题的影响：几十年空间飞行活动的残余在地球轨道上留下了越来越多的垃圾，火箭组件、废弃卫星和推进剂残留物只是其中的一小部分。这些碎片可能会导致当今和未来的外层空间使用方面的拥挤。它们干扰轨道上的通信和导航系统，给现代社会所依赖的基础设施带来严重的风险。关于空间碎片的最坏情况预测的未来是，开展天文观测和任何旨在离开地球或利用其轨道的空间活动将永远无法再穿越空间[1]。

在本章中，我们将从社会技术视角强调空间碎片的两个不同方面。

首先，目前空间政策决策者和公共辩论将空间碎片视为一个可持续性问题。在这里，可持续性技术的概念在关于某些技术甚至整个行业未来的社会辩论中具有不同且深刻的意义，而在空间时代的最初几十年，可持续性不是一个主要问题，因为将物体发射到空间并在广阔的宇宙范围内操作它们似乎已经是一个挑战[2]。今天，由空间碎片造成外层空间拥堵的场景不仅在政策话语中受到关注，而且也开始在公众认知中受到关注。

作为空间时代及其战略性政治关切的产物，今天的安全已被证明是阐明外层空间特别是面对空间碎片时可持续性的焦点之一。因此，我们建议将空间碎片理解为社会风险感知的双重来源。与其他环境可持续性挑战不同，空间碎片具有两个显著且相反的"风险途径"。一方面，在公众将空间碎片视为一个问题的认识中，碎片再入事件对财产或健康造成损害的风险是突出的。另一方面，碎片被认为是有问题的，因为它并不总是在合理的时间框架内再入，例如对轨道上的卫星星座构成持续的风险，或者对天文学家或业余天文爱好者的夜空造成光学污染。

从这个意义上说，空间碎片可能会直接危及在地球表面生活的个人安全，并威胁到现代技术社会运行所需要的轨道卫星基础设施。第一个风险途径是"向下"的：风险源位于低地球轨道（LEO）环境，影响下面的星球。第二个风险途径可看成是"向上"的：通过部分不受管制的发射活动，以及越来越多的卫星在某一时刻衰变为空间碎片并留在轨道上，在轨道环境中产生的风险水平越来越高，这可能阻碍当前和未来的航天活动及其提供的基本服务。

在结论中，我们将概述这些风险结构对公众参与的影响，以及塑造更具社会包容性的应对空间碎片挑战的可能方法。最后，强调利益相关方的参与是在维持外层空间环境方面实现必要的社会技术弹性的方式。

3.2 科技研究视角的观点

科技研究是社会科学领域中一个相对新兴的领域，处于社会学、政治学、人类学、历史学和科学哲学的交叉地带。自设立以来，它一直在处理自然科学、技术以及与之相关的社会结构和实践每一方面的复杂关系。科技研究可以理解为一种"反身实证科学"，旨在更好地理解社会机制和潜力如何塑造社会技术在不同地点、时间、行业、技术和（非）人类结构下的发展①。

---

① 关于科技研究的核心前提的进一步介绍，见参考文献[3]。

科技研究的许多工作重在探索科学和技术如何塑造社会秩序，反之亦然。

在科技研究的实际应用中，采用自下而上的过程，以在技术开发的早期阶段考虑利益相关者的利益。科技研究在这里采用了技术评估方法[4]和参与式科学工具[5]，自下而上，不仅提供实证研究，而且提供建议，甚至技术政策的实际实施。在2000年前后纳米技术开始蓬勃发展时期进行了第一次广泛尝试，在生物技术迅速发展的几年之后进行了再次尝试（而且更加成功）。如今，机器人医疗保健方法、数据驱动技术、不断改变的制造实践（如增材制造）和许多其他高兴趣技术都与探索和促进福利，以满足社会需求并坚持适当决策过程的科技研究密切相关。

另一个重点是科学传播和公众参与围绕科学与技术的争议。尽管今天科学家和工程师经常将缺乏对科学事实和技术创新的信任视为一种新的威胁，未来成功地将利益相关者的需求与科学和工业的系统目标结合起来的策略，已经被科技研究实践者试验了相当长的一段时间[6]。

科技研究学者提出的一个关键论点是，以从科学家和工程师到公众的单向方式向社会传播科学和技术，不再有助于建立对那些与可持续发展等社会关注问题存在内在联系的技术和信任。相反，专家和公众之间的对话和互动对于未来成功的创新至关重要，因为它可以让研究目标和技术解决方案更好地适应社会需求。加强这种互动包括使民众和外行能够参与有关社会技术系统的研究、开发、运营和监测。在这种情况下，公众参与的范围和程度，在很大程度上取决于他们参与过程中的期望结果，例如，虽然通过包括外行知识来提高某一技术解决方案的质量是一个可能的目标，但另一个目标可能是通过与科学家和工程师的互动，不仅培养利益相关者技术能力，而且训练个人、政治或公民能力。

科技研究的第三部分探讨了许多现代社会技术挑战的网络化全球特征，包括全球可持续性问题以及如何处理尚未解决的问题，即如何进入一个理想的未来，这个问题本来就受到地球对非可持续性社会技术活动有限弹性的限制。为了阐明这些问题，可以对大规模的社会讨论进行跟踪和分类，以了解特定社会技术挑战，如空间碎片，如何已经并可能进一步发展成为社会层面上的重要可持续性挑战。

3.3　空间碎片和社会技术可持续性挑战

将空间碎片理解为一项可持续性挑战，关系到社会和公众如何看待上游与下游空间应用的必要性，一般的空间飞行活动和作为科学、技术及政治共同体

第 3 章　空间碎片可持续性：理解和参与外层空间环境

的空间部门，以及空间碎片作为现代社会工程的重要性和合法性。在本章中，我们认为空间碎片越来越被理解为一项可持续性的挑战，轨道环境需要维持和保护，以避免进一步的拥堵。

3.3.1　有限边界、有限环境下的空间可持续性

虽然可持续性问题在公共讨论中受到了相当大的关注（如在涉及可持续能源、海洋微塑料、食品生产、消费者供应链、城市和长途交通时），但直到最近，空间部门在可持续性方面受到的关注仍然较少，原因如下：在"新空间"出现之前，空间飞行从"阿波罗"号甚至航天飞机时代的著名项目转向了强调科学探索、军事利用和商业应用，公众对空间飞行的热情并不高。除了一些科学任务，由于某些原因，特别是在冷战结束后，整体上这些空间活动没有一项能让公众对空间飞行或空间部门保持较大关注，他们一直也没打算这样做。

一方面，公共资助的任务是建立在空间部门既定机构网络内已经存在的或多或少一致的供资结构上。由于航空航天技术被认为是国民经济中的关键技术，以及通过得到国家持续资助进入空间而获得战略性政治自主权，因此并不总是需要投资于昂贵的科普和提高公共认识的工作。由于空间研究和发展未来在某种程度上可以按照"大科学"①、国家驱动的"部门研究"，甚至是机构创新的"三螺旋"模式来看待[9]，它在很大程度上作为一个隐蔽的、主要由政府资助的生态系统运作，这不仅在于经济意义，而且同样在于其有限的公众认知。

另一方面，空间和地面部分的私人倡议，虽然从 20 世纪 80 年代起被证明取得了部分成功，但也不需要空间飞行活动成为公众感兴趣的话题。电信和地球观测企业满足于成为空间应用相对较小和明确（机构）市场的一部分，这种市场既不需要广泛的技术宣传，也不需要公众对整个空间部门的活动感兴趣。由于部件、子系统和系统的可靠性经常被确定为航天器开发的最高目标，可持续性设计等开发要求迄今似乎只发挥了次要作用。系统工程过程中冗余、严格的测试，如经常采用的著名的技术成熟度（TRL）方法，已被视为空间部门及其开发过程的核心专业知识和考虑。

同样，卫星和其他有效载荷的发射地点大多位于遥远的极地或赤道地区，远远超出公众的注意范围[10]，迄今为止，尚未充分响应开展可持续性发射活动的要求。虽然各种运载火箭使用有毒推进剂不时引起公众的辩论，但空间部门在世界某些区域的生态足迹方面并没有受到彻底的质疑。

最后，虽然今天在许多行星生态系统和环境方面广泛讨论和提出可持续性，

---

① 关于"大科学"的经典分析，见参考文献[8]。

55

但迄今为止，外层空间环境的生态质量在很大程度上被忽视了：当有限和脆弱的环境被认为受到社会技术（错误地）使用的威胁时，人们对生态可持续性问题的关注度往往会上升，因此将外层空间作为一种环境来对待是公众对新空间时代态度的一个关键方面。

在不久的将来，空间碎片可能成为这些问题决定的支点，因为它提高了这样的关注：有限可用轨道槽资源[11]以及外层空间作为自然环境的固有潜在价值，不应该受到污染，不应该在没有密切监管情况下任意消耗。通过作为地球轨道上累积的社会技术"废物"的空间碎片问题，外层空间越来越多地被理解为一种超越行星的环境[12]，不仅涉及特定战略、科学或商业利益，而且涉及公民和其他社会利益相关者。

越来越多的人达成共识，认为需要遏制这种情况。类似于危及当地和全球生态系统，以及社会和个人健康的核废料或微塑料等其他形式的人为污染，目前，我们目睹了一次转变，即一旦接受科技进步的副产品，经济利益和地缘政治将不再被认为是可持续的。

随着"社会对卫星的依赖日益加深……在空间资产上的竞争加剧"[13]，这也包括可用的轨道空间，从而也涉及限制空间使用的空间碎片。如果没有对空间碎片的有效管理，日益重要的卫星基础设施将面临危险。

欧洲航天局总干事 Johann-Dietrich Wörner 最近强调了这一点，他说道[14]："空间与 50 年前不同了。当时是超级大国之间的竞赛，今天，它是一切。我们每天都依赖空间。"

正如他所指出的，空间，特别是地球轨道，已经得到了政治和公众的关注（或忽视），就像今天关注的基本行星问题一样，气候变化可能是其中最突出的问题。

3.3.2 作为一个安全问题的空间可持续性

在空间基础设施对全球社会的运作达到关键地位之后，空间资产的可持续性与对其安全的关切日益一致。正如欧洲委员会最近所说："空间技术、基础设施、服务和数据为欧盟提供了解决社会挑战和重大全球问题所需的工具……我们公民的安全和福祉越来越依赖于空间提供的信息和服务。"[15]

这种新的风险结构是"旧空间"及其可持续性问题的后遗症。自从"人造卫星"发射以来，外层空间越来越多地充斥着人类物质文化[16]，包括工作和不工作的卫星、火箭末级、探测器、着陆器、配件和人类遗骸等。与此同时，政府在空间项目和预算上的支出下降，并且缺乏解决基础设施维护和维持人类在外层空间未来愿景的能力。

美国空间理论的核心要素已经完成——征服了月球，美国国旗插到了另一个星球上，与苏联的竞争取得了胜利，而全球霸权延伸到了空间飞行能力。简而言之，20世纪50—70年代空间竞赛和80年代空间加速军事化的驱动力已经消失[17]。因此，以前享有盛誉和雄心勃勃的事业很快就无法在全球范围内获得公众兴趣和政治支持。在冷战后的全球缓和时期，关注已经存在的卫星基础设施或随之而来的空间碎片破坏被认为是不值得的，因为它会提醒人们那个时代的物质遗产仍在地球轨道上隐现。大量资金花在军事化竞争和多种多样相互刺探的基础设施上。

更重要的是，从政治地位方面考虑，许多空间技术特别是遥感卫星在过去和现在仍然被认为是保密的，（据说）在国际关系尤其是国际法中清理另一个国家在空间之前的资产一直是一个敏感和有争议的问题。这主要是由于它们经常宣称的"双重用途"，击落另一个国家的废弃卫星过去和现在都可能导致严重的外交紧张局势。因此，关于卫星基础设施全球状况的知识仍然局限于一小部分技术专家范围[2]。长期以来，为了外交关系，空间碎片问题被搁置，留给子孙后代去处理。

如果我们"把社会看作以基础设施为基础的，基础设施的保护使它们的运作、延续和生存成为可能"[18]，那么空间碎片可能在不久的将来将我们搁浅，把人类限制在地球上，并由于空间碎片污染严重而使空间资产无法使用。

在欧洲空间政策层面，现在决策者和媒体越来越多地把碎片界定为对人类的严重威胁，需要加以遏制。尽管90%以上的轨道碎片归因于美国和俄罗斯两个空间竞赛大国，以及开展大规模反卫星试验的国家，2012年欧洲航天局旗舰卫星ENVISAT的陨落也将欧洲置于一个新的责任位置[19]。根据欧洲议会的一项讨论，轨道资产的"安全、安保和可持续性"问题相互关联使得有必要对此高度关注、尽职调查和适当透明[13]。例如，欧洲议会和欧洲理事会的一项决定声称，"空间碎片已对空间活动的安全、安保和可持续性构成严重威胁"，欧洲航天局空间监视与跟踪（SST）计划的支持框架"应有助于确保欧洲和国家空间基础设施和服务的长期可用性，这些设施和服务对欧洲的经济、社会和公民的安全和安保至关重要"[20]。

在此，通过将功能性空间基础设施界定为功能性社会的重要组成部分，唤起了空间碎片在其连锁性自我毁灭的前景下对欧洲公民所构成的潜在社会和经济风险。更确切地说，对空间资产持续和不间断可用性需求的认识源于它们作为感知、导航和通信公共服务一部分的地位。这又一次把维持这些基础设施所在轨道的可持续条件变成了一个更广泛的公共安全问题。如果不加以控制，预计巨型星座将使低地轨道上的活跃卫星数量成倍增加，"进入空间和在空间中操作的复杂性将继续增加，并面临日益增长的威胁，最终的风险是丧失探索和利用空间的能力"[19]。为所有国家创造一个安全的空间环境不仅需要技术或军事解决方案，还需要威慑和外交手段，以及空间碎片首先是对地球和轨道上可持续性威胁的公众和政治感知。

3.4　作为一种双向风险现象的空间碎片

认识现代社会对空间基础设施的依赖，使我们进入了理解空间碎片社会影响和感知的第二个方面。如前所述，空间碎片具有一种特殊性质，即面向公众的双重风险：再入和地面影响造成的伤害，以及其对我们经常使用的可持续和安全的卫星服务产生的不利后果。从这个意义上说，它不仅是双重风险，而且是双向风险：作为一种空间现象，它从上方对地球造成了不必要的影响；作为一种起源于地球的技术，它从空间资源和环境角度威胁到轨道，这些轨道尽管仍然能够容纳关键的卫星基础设施，但能够安全容纳的人造物体数量是有限的。

这一事实使空间碎片不同于目前在公共讨论和政策制定中备受关注的许多其他可持续性问题。当前和未来的国家可持续发展议程，如"欧洲地平线"[21]这样的欧洲框架项目，就像联合国可持续发展目标一样[22]，在全球范围内强调可持续发展，然而，直到现在，这个可持续性的概念广泛地等同于地球的可持续性。由于空间碎片的双向特性，它并不符合要求：一方面，它是一个全球性的挑战，需要从公众关注的全球治理视角来应对，与不希望受到任何其他危害环境的垃圾影响一样，没有一个国家希望自己的公民受到碎片再入的威胁。另一方面，它不仅是一个独特的外层空间问题，虽然它是由在地球上生产和发射的技术产物残余造成的，但它会影响外层空间环境；公众可以将该环境理解为，因为作为空间飞行活动的社会技术副产品的空间碎片改变了我们看待和思考上述有限轨道空间重要性的方式。

因此，在至少应将低地球轨道看作社会技术风险目标和来源环境的社会认知中，这两种"风险途径"的同时存在预计将发挥相当大的作用。虽然空间部门专家已经提到这样的"空间环境"[23]，但可以期望公众在对他们福祉的关注以及空间是一种值得在长期的社会利益中维持下去的有限资源的认识基础上，采用和解释这个术语。

因此，在政策执行者和公众认为外层空间是一个值得保护的环境的同时，空间碎片也成为一项可持续挑战。例如，当第一个巨型星座发射时，即使是漫不经心的观测者在仰望夜空时[24]，也会立即发现它们，这为低地球轨道成为公众关注的对象提供了新的方式。换而言之，如图 3.1 所示，空间碎片的双向风险使我们将外层空间视为一个危险的环境，随后又将其视为一种新的可持续性挑战。这一进程标志着社会使用外层空间的方式发生了根本性变化：外层空间日益商业化不仅标志着一项具有挑战性的技术和监管努力，还带来了空间探索、开发和刺激的新结构、实践和组织形式。

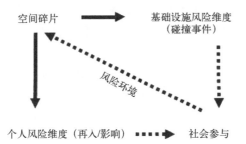

图 3.1　在公众认知中空间碎片似乎将空间定义为一个双向风险环境：对地面来说是人身安全风险，对轨道来说是基础设施风险

新的参与者，从由车库起家的初创企业到来自不同国家的大型科技企业，目前正进入空间技术创新的未知领域，这引发了一场关于商业空间飞行承诺的激烈辩论。随着这些新的参与者、私人活动和新型的相对低调的下游应用进入空间业务，空间部门的社会感知和相关性以及低地球轨道作为一个有价值环境的认识有望进一步增强。空间碎片将可能受到越来越多的关注，因为它不仅是对新空间业务增长潜力的潜在障碍，还可能是未来更民主开放地进入轨道需要克服的障碍。

3.5　本章小结

要成功地解决空间碎片这一双向可持续性风险，就必须承认两个关键问题：①这是很难完成的，需要一个全面合作的国际方法，而且必须承认这是一个全球范围的社会技术挑战，社会可能还没有充分的能力来应对；②可以将这一风险视为一种机会和激励，以考虑外层空间作为公众感知以及与空间和空间部门互动环境的作用。

就像治理气候变化等其他全球可持续性问题一样，在寻找使我们的未来具有可持续性的充分和令人满意的答案时，存在着各种障碍。例如，公地悲剧这种经常提到的挑战，同样也适用于外层空间的可持续性问题。需要找到有效的国际合作方式，如建立稳健的体制框架，以加强和鼓励对空间碎片问题采取更谨慎和一致的处理。

然而，综合考虑本章提到的所有观点，与环境可持续性的其他挑战相比，空间碎片具有一个必须加以有效遏制的决定性优势：它的遥远特性和外层空间作为一种环境这一尚未明确的社会地位。与海洋、大气、热带雨林、城市景观以及许多其他有争议和受威胁的环境产品不同，作为一个社会，我们仍然有很大的空间来讨论如何珍视作为地球后院的外层空间，并希望参与维护它。

这可能会促使利益相关方更广泛地参与空间碎片减缓和清除进程，而且也会影响整个新空间的未来。随着人们对航天和卫星资产的兴趣日益高涨，应该鼓励公众参与到空间碎片问题解决方案的寻找中。正如科技研究和其他相关领域经常显示的那样，通过重要利益相关者的参与，不仅能提高社会对技术解决方案的接受度，而且往往还能提高有关方案的质量。

例如，在减缓空间碎片方面，这可能意味着新的行为者群体应在下游对新空间应用需求、轨道提供服务的优先次序甚至卫星星座本身的任务设计评估方面提高参与度。这为提高社会对有用的新空间技术的接受度，同时为防止产生空间碎片的不必要的技术和商业模式的试错做法，提供相当大的潜力。

同样，定期的公众参与为解决以下问题提供了充分的机会：与外层空间环境的价值相比，什么水平的在轨碰撞风险是可以接受的？空间碎片再入造成损伤和损害的合理、正当阈值是多少？轨道上提供的哪些任务和应用对社会最有价值？虽然这些问题需要强大的专业知识和专业经验来回答并纳入政策，但利益相关方的参与不仅可能带来以前未曾考虑的"外部"视角，而且还可能增强具有真正全球影响力的标准政策的合法性。

当涉及空间态势感知（SSA）和再入碎片处理——仅举两个例子时，类似的参与机会也将是可取的。

参与式科学与发展的一种特殊形式在过去几年里得到了检验，那就是"公民科学"。虽然公民科学已在某种程度上用于近地物体（NEO）发现以及不同天文现象探测和分析，但在空间碎片活动方面尚未得到广泛使用。让公民科学家不仅参与空间碎片的跟踪，而且参与空间碎片的回收，包括重返地球之前和之后的过程，将是一种很有前途的方法，可以让公众参与到管理空间碎片风险的事业中来。

公众参与将空间碎片作为一个双向可持续性问题进行处理的结果可以被广泛地定义为处理这一挑战的社会技术弹性。这种方法主要不是在没有公众参与的情况下寻求技术解决办法提高对未来空间碎片可能造成的危害的容忍程度；相反，空间碎片为通过利益相关方参与空间政策制定和技术发展来提高弹性提供了机会。由于空间活动到那时更容易被理解为社会服务，所以可在更广泛和更稳定的社会共识基础上处理空间碎片问题。

缩略语

LEO   Low Earth Orbit   低地球轨道

NEO　Near Earth Object　近地物体
SSA　Space Situational Awareness　空间态势感知
SST　Space Surveillance and Tracking　空间监视与跟踪
STS　Science and Technology Studies　科技研究
TRL　Technology Readiness Level　技术成熟度

词汇表

凯斯勒现象：指空间碎片碰撞级联失控的后果，达到使今后（某些）轨道不再可用的碎片数量规模。

巨型星座：通常指由数百颗或更多低成本发射卫星组成的（小）卫星网络，目的是提供卫星服务的高度冗余和全球覆盖。

新空间：这一术语通常是指组织和开展空间飞行活动的一种新的和创新的方法，这些活动受到商业利益驱动，主要由私人行为者实施。

风险：在这里讨论的意义上，风险不仅指某一社会技术系统发生不良影响的（数值）概率，而且还包括对这种概率的社会预期维度。

空间段/地面段：空间部门的活动和资产往往被视为在外层空间中操作和放置（卫星），或者在地球上操作和放置（如地面段）。

公地悲剧：这一概念指共享的环境和其他实体往往面临着缺乏共享者关心和责任的问题。

上游应用/下游应用：在空间部门，上游活动通常是指硬件和投资密集型产品，而下游业务通常与数据驱动的应用和空间资产的附带商业化有关。

延伸阅读

Damjanov, K. (2017). *Of Defunct Satellites and Other Space Debris.* Science, Technology, & Human Values 42 (1): 166–85.

Gabrys, J. (2011). *Digital Rubbish.* Ann Arbor, MI: The University of Michigan Press.

Gorman, A. C. (2014). *The Anthropocene in the Solar System.* JCA 1 (1): 87–91.

Losch, A. (2019). *The Need of an Ethics of Planetary Sustainability.* International Journal of Astrobiology 18 (3): 259–66.

Parks, L. (2013). Orbital Ruins. NECSUS. European Journal of Media Studies 2 (2): 419–29.

参考文献

[1] D. J. Kessler and B. G. Cour-Palais. Collision Frequency of Artificial Satellites: The Creation of a Debris Belt. *Journal of Geophysical Research: Space Physics*, 83(A6):2637–2646, 1978.

[2] C. J. Newman and M. Williamson. Space Sustainability: Reframing the Debate. *Space Policy*, 46:30–37, 2018.

[3] U. Felt, R. Fouché, C. A. Miller, and L. Smith-Doerr. *The Handbook of Science and Technology Studies*. MIT Press, 2017.

[4] K. Konrad, A. Rip, and V. C. S. Greiving-Stimberg. Constructive Technology Assessment–STS for and with Technology Actors. *EASST Review*, 36(3):13–19, 2017.

[5] J. Chopyak and P. Levesque. Public Participation in Science and Technology Decision Making: Trends for the Future. *Technology in Society*, 24(1-2):155–166, 2002.

[6] A. Delgado, K. Lein Kjølberg, and F. Wickson. Public Engagement Coming of Age: From Theory to Practice in STS Encounters with Nanotechnology. *Public Understanding of Science*, 20(6):826–845, 2011.

[7] C. Selin, K. C. Rawlings, K. de Ridder-Vignone, J. Sadowski, C. Altamirano Allende, G. Gano, S. R. Davies, and D. H. Guston. Experiments in Engagement: Designing Public Engagement with Science and Technology for Capacity Building. *Public Understanding of Science*, 26(6):634–649, 2017.

[8] D. J. de Solla Price. *Little Science, Big Science*, volume 5. Columbia University Press New York, 1963.

[9] H. Trischler. The "Triple Helix" of Space: German Space Activities in a European Perspective. Technical report, 2002.

[10] P. Redfield. The Half-Life of Empire in Outer Space. *Social Studies of Science*, 32(5-6):791–825, 2002.

[11] S. Durrieu and R. F. Nelson. Earth Observation from Space–The Issue of Environmental Sustainability. *Space Policy*, 29(4):238–250, 2013.

[12] L. R. Rand. *Orbital Decay: Space Junk and the Environmental History of Earth's Planetary Borderlands*. PhD diss., University of Pennsylvania, 2016.

[13] European Parliament. 2016. REPORT on Space Capabilities for European Security and Defence (2015/2276(INI)), Official Journal of the European Union (27.5.2015) (accessed on July 9, 2018). `https://eur-lex.europa.eu/legal-content/EN/TXT/PDF/?uri=CELEX:32014D0541&from=EN`

[14] S. Clark. *It's Going to Happen: Is the World Ready for War in Space?* The Guardian, April 2018. Accessible on: https://www.theguardian.com/science/2018/apr/15/its-going-to-happen-is-world-ready-for-war-in-space.

[15] European Commission. 2018. Horizon 2020. Work Programme 2018-2020. 5.iii. Leadership in Enabling and Industrial Technologies–Space, Decision C (2018) 4708 (accessed on May 20, 2020). http://ec.europa.eu/research/participants/data/ref/h2020/wp/2018-2020/main/h2020-wp1820-leit-space_en.pdf.

[16] A. Gorman. *Heritage of Earth Orbit: Orbital Debris–Its Mitigation and Cultural Heritage.* Ann Garrison, 2009.

[17] H. E. McCurdy. *Space and the American Imagination.* 2nd ed. Baltimore, Md., London: Johns Hopkins University Press, 2011.

[18] C. Aradau. Security that Matters: Critical Infrastructure and Objects of Protection. *Security Dialogue*, 41(5):491–514, 2010.

[19] European Space Policy Institute. 2018. Reigniting Europe's Leadership in Debris Mitigation Efforts. "ESPI BRIEFS" No. 19 (accessed on May 28, 2020). https://espi.or.at/files/news/documents/ESPI_Brief_19.pdf.

[20] European Parliament/Council. 2014. Decision of Establishing a Framework for Space Surveillance and Tracking Support, (541/2014/EU) (accessed on May 22, 2020). https://eur-lex.europa.eu/legal-content/EN/TXT/PDF/?uri=CELEX:32014D0541&qid=1590134547779&from=en.

[21] European Commission. 2019. Orientations Towards the First Strategic Plan for Horizon Europe (accessed on May 22, 2020). https://ec.europa.eu/info/sites/info/files/research_and_innovation/strategy_on_research_and_innovation/documents/ec_rtd_orientations-he-strategic-plan_122019.pdf.

[22] United Nations. 2020. Transforming our World: The 2030 Agenda for Sustainable Development (A/RES/70/1)) (accessed on May 22, 2020). https://sustainabledevelopment.un.org/content/documents/21252030%20Agenda%20for%20Sustainable%20Development%20web.pdf.

[23] European Space Agency. 2019. ESA's Annual Space Environment Report 2018. GEN-DB-LOG-00271-OPS-SD (accessed on May 26, 2020). https://www.sdo.esoc.esa.int/environment_report/Space_Environment_Report_latest.pdf.

[24] I. Sample. *Companies' Plans for Satellite Constellations Put Night Sky at Risk.* The Guardian, 9 January 2020. Accessible on: https://www.theguardian.com/science/2020/jan/09/companies-plans-for-satellite-constellations-put-night-sky-at-risk.

第4章 最拥挤轨道空间碎片的离轨/转轨方法概述

Andrey A. Baranov,Dmitriy A. Grishko

本章概述了减缓大型空间碎片问题的现有解决办法。第一部分简要介绍了可用于捕获和清除大型空间碎片的主要工程解决方案。我们考虑了系绳系统、电动系绳、机械臂、非接触离子束系统、激光系统和太阳帆。第二部分概述了确定将一组大型空间碎片转移到处置轨道的飞行序列的基本方法。我们同时考虑低地球轨道(LEO)和地球静止轨道(GEO)附近区域。影响离轨/转轨的方式有两种,这两种方式中主动航天器的作用不同:它在碎片之间转移(通过特殊模块附着在碎片表面将其推到处置轨道),或者单独将一个碎片带到处置轨道,然后返回来再处理下一个碎片。第三部分概述了旨在证明物体移到处置轨道或维修航天器可能性的项目,它们有些是计划性的,有些是已经实施了的。这种复杂的任务应通过一个收集器来执行基本的新功能:对轨道物体实施捕获和脱离/转轨或进行各种服务作业。

4.1 引言

近地空间的人为污染是当前航天领域亟待解决的问题。航天器(SC)与哪怕是一小块空间碎片碰撞也会损坏重要的板载系统,使航天器无法运行。最大的危险是大型空间碎片物体(SDO),它们以较高的相对速度相互碰撞或与完好的航天器碰撞,可导致大量小碎片出现,最终引发凯斯勒(Kessler)碰撞级联效应[1-2]。

尽管各国采取了一些空间碎片减缓措施(如欧洲航天局的"清洁空间"计划[3]或机构间空间碎片协调委员会(IADC)建议[4-5]),仍然需要开发系统将报废的航天器、运载火箭和上面级离轨或转轨。根据参考文献[6-9]的模拟结果,为了防止低地球轨道危险物体数量的级联增加,需要每年清除约5个较大的空间碎片。

截至目前，国际上已提出了若干减缓空间碎片的方法。主动的方法是借助主动航天器将空间碎片直接转移到稠密大气（主要用于低轨道）或将其转移到处置轨道（DO）。被动的方法则不涉及与空间碎片的直接接触。

将较大的空间碎片转移到处置轨道的离轨/转轨是一个困难的工程问题，有几种可用的方法，它们在处理空间物体的方式（飞网、鱼叉、机械臂、非接触方法）和空间物体被拖到处置轨道的方式（液体推进发动机、电力推进发动机、太阳帆以及可展开的气动舵面）方面有所不同。

大型空间碎片主要分布在以下三个高度范围：600～1500km（低地球轨道，长期低轨道航天器的运行范围）、18000～24000km（中地球轨道，全球定位系统的运行范围），以及地球静止轨道附近的区域（地球静止轨道，34000～37000km）。对于这些轨道类型中的每一种，都有相应的（不同发展成熟度的）空间碎片离轨/转轨的概念设计建议。一般来说，这些方法只涉及一种控制物体的方法和一种将物体移到处置轨道的方法，因为试图同时应用几种概念会使航天器收集器系统的设计和控制变得非常复杂。

4.2　空间碎片离轨或转轨的工程解决方案

参考文献[10]给出了捕获大型空间碎片的可能方法。对于非接触性物体捕获，航天器位于距离碎片一定距离的地方，通过特殊手段，如使用鱼叉或飞网，实现机械连接。对于接触性捕获，航天器应该接近空间碎片，并且在主动航天器对接单元和空间碎片的某些结构件之间建立机械连接。例如，对于一个废弃的运载火箭级，它可以是容纳有效载荷的设备舱结构，也可以是主运载火箭发动机室。

4.2.1　系绳系统

将空间碎片清除到处置轨道的最有前途的方法之一是在空间碎片物体上附加一个系绳，然后拖曳它。系绳系统几乎与空间碎片的形状及其旋转速率无关，但系绳动力学大大增加了"主动航天器-空间碎片"系统的可控性复杂度。因此，拖曳阶段的开始与弹性系绳的反复拉伸和松开过程有关。因此，系绳可以不规律地传递拖曳推力，这可能导致被拖物体产生大幅度的摆动，甚至会翻滚。

萨马拉大学[11]进行了"主动航天器-空间碎片"系统的运动仿真。考虑了一个由低推力拖轮、被动物体（由比拖轮重的长实心体模拟）和弹性系绳组成的系统。在该模型中，考虑了被拖物体可能的旋转和系绳的松垂。通过数值实验，确定了用于安全捕获和随后清除可能对象的拖曳参数范围。

欧洲航天局（ESA）进行的全尺寸扩展实验和计算机模拟证明了包含鱼叉或飞网的系绳系统的可行性[3]。

使用鱼叉可以捕获相对速度非零的目标，并且不需要在离轨或转轨对象上存在对接模块。鱼叉从航天器发射并刺入空间碎片，从而提供与该对象的机械连接。这种方法的缺点是，在刺入物体的瞬间，物体将接收到相对于其质心的冲击脉冲，这可能导致物体产生额外的角速度。鱼叉法还有另一个缺点：如果鱼叉刺入液体推进级的油箱，则可能导致油箱内残留燃料爆炸，或者因油箱孔排出的汽化残留燃料而造成额外旋转。

欧洲宇航防务集团阿斯特里姆（Astrium）对空间碎片物体的鱼叉捕获研究表明，其设计的鱼叉[12]基准模型能够捕获角速度高达 6°/s 的目标。在 10m 射击距离上，命中精度是 8cm。根据实验估计，鱼叉系统能够转移质量高达 9000kg 的空间碎片物体，次生碎片产生极少，而且主要发生在目标体内。

空间碎片清除系统的设计还应该考虑到这样一个事实，即对于"清除对象"，我们不仅应该考虑整个卫星或运载火箭的上面级，还应该考虑它们的碎片。这就是空间碎片飞网捕获方法被提出和研究的原因。在这种情况下，从轨道上清除空间碎片是通过一个从主动航天器发射的飞网来实现的，这个飞网使用引导载荷展开。飞网可以应用于不同形状和大小的物体，但不能消除主动航天器和物体之间发生碰撞的可能性。捕获系统应足够精确，以有效地执行清除过程，并适当考虑有关系统对柔性元件和关节阻尼与振动的控制。

该系统的仿真由米兰理工大学航天科学技术系进行[13]。针对控制和导航中的主要问题，本章提出了一种计算空间碎片捕获和转移动力学的工程解决方案。在模拟中，假设由于轨道上的"死区"，带有飞网的主动航天器不能远程操作，因此应该设想一个独立的模式。针对该实验，开发了一款精确模拟飞网展开、接触、闭合动力学以及拖曳动力学和转移动力学的软件产品。飞网的运动采用离散黏弹性系绳模型描述。

麦吉尔大学（加拿大）[14]也开发和测试了各种飞网系统。因此，锁定机构的概念是在系绳膨胀的基础上开发的。这一概念在一个实验室平台上进行了实施和测试，该平台包括一个简化的飞网、一个支撑框架和一个空间碎片模型（来自"天顶"-2 运载火箭的第二级，图 4.1）。实验室平台试验表明，该锁定机构在地球重力条件和人工锁紧启动下能够稳定运行。

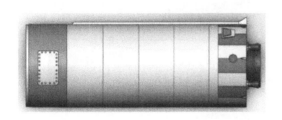 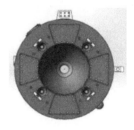

图 4.1 "天顶"-2 运载火箭第二级的三维模型

尽管在模拟中采用了一些限制条件，针对零重力条件下飞网闭合系统和现实空间碎片模型的计算机模拟证实了闭合概念的可行性。

4.2.2 电动系绳

电动系绳可用于低地球轨道对象的离轨。系绳和空间碎片之间的电势差异可以通过安装在主动航天器上的太阳能电池板来实现。当系绳移动并与地球磁场相互作用时，在系绳中产生的电动力将在理论上改变航天器-空间碎片系统的轨道，以便将其推入稠密的大气层。这种方法不需要任何燃料就能让空间碎片离轨，这使得它比其他工程解决方案更高效。但是，在这种方法下，与其他空间物体碰撞的风险较高，因为这种系绳的长度约为 1km。

电动碎片清除器（EDDE）是该类系统的原型之一[15]。该航天器旨在使质量大于 2kg 的空间碎片从高度 500～2000km 的轨道脱离。电动碎片清除器的设计质量为 100kg，所需功率约为 7kW。使用一个飞网与空间碎片对接。空间碎片离轨系统由配备太阳能电池板（能够积累大电荷）的电动碎片清除器和长度约为 1km 的导电系绳组成（由宽度为 30mm、厚度为 38μm 的带状增强铝导体制成）。由于电动碎片清除器周围存在离子云以及系绳中积累了电荷，电流将开始在系绳中流动。据估计，使一个质量为 1000kg 的空间物体脱离 800km 轨道需要 10 天，也就是说，电动碎片清除器能够在一个作业日内使与其自身质量相当的负载脱离轨道。

4.2.3 机械臂

可以通过使用机械臂来实现与目标最精确的对接。然而，对于机器人对接系统来说，对空间碎片视觉检测系统准确性和最方便捕获点分析的要求过于苛刻。主动航天器负责与空间碎片进行交会并补偿相对速度。相反，机械臂的运动是由其每个部分的逆运动学求解计算出的。航天器板载计算机处理机械臂上的视觉系统的数据，并使用物体的三维模型找到对接点。目前，国际空间站（ISS）已经采用了半自动模式捕获受控航天器（图 4.2）。

图 4.2 国际空间站的工作人员使用 Canadarm-2 机械臂抓住转运车并将其停泊到空间站
（资料来源：NASA）

参考文献[16]中研究了机器人对接系统，其中考虑了为空间碎片离轨全流程而设计的带有两个机械臂的航天器。直接发射一个航天器到计划离轨物体的轨道上。接近目标后，航天器与滚动的物体建立同步。利用参考文献[16]中详细讨论的一组传感器和执行器，机械臂连接到目标物体上。该系统有两个机械臂：一个用于捕获识别出的空间碎片，另一个用于在碎片上安装离轨用的离轨推进套件（TDK）。接下来，航天器从碎片脱离并向离轨推进套件发动机发送激活信号。在这之后，航天器移动到下一个待清除空间碎片的轨道上。然后重复上述操作，直到所有离轨推进套件使用完为止。

参考文献[17]中考虑了另一个用于空间活动的机器人复合体。该机器人由两个带有抓手的机械臂组成，并根据机器人将在远程控制模式中捕获的空间碎片类型进行各种调整。在这种方法下，机器人的一只"手"负责对接/捕获，另一只"手"用于安装离轨推进套件或维修活动，也可以使用空间机器人对现有卫星进行轨道修正，以避免碰撞。

参考文献[18]中假设应该使用混合模块作为推进单元来将空间碎片脱离轨道。特别是，通过机器人机械臂将发动机从服务平台移动到目标。空间碎片离轨分为与目标交会、目标捕获、发动机安装、对接脱离、发动机点火和离轨几个阶段。目标捕获和发动机安装使用机械臂完成；如果空间碎片含有喷嘴，那么发动机就使用一种特别设计的类似螺旋开瓶器的装置安装。作者重点研究了交会系统装置、角运动评估和捕获点搜索。机械臂将使用黏接机构捕获物体。为此，机械臂应包含柔性聚合物电极和黏接表面。这种方法适用于任何类型表面，并且对捕获点确定的准确性没有严格限制。该项目中使用的混合动力火箭发动机具有高比冲、高安全性、良好的推力和控制能力,而且相对便宜。可调性对于服务卫星与空间碎片之间的交会机动是非常重要的。混合推进系统包括液体或气体氧化剂和固体燃料。除发动机运行时外,燃料和氧化剂没有接触。研究人员根据所考虑的空间碎片参数,提出了各种混合动力发动机设计方案。

4.2.4 非接触式激光系统

上面提出的解决方案主要是为了清除大型空间碎片。激光照射被认为是处理小型空间碎片最有效和可行的方法之一。脉冲激光法具有响应时间短、成本低、可重复利用等优点。然而,受到大气中的光散射和地面站地理位置等因素的影响,地基激光系统的作用距离非常有限。与此同时,空间激光系统,如安装在国际空间站上的,不能提供清除碎片所需的足够能量。

参考文献[19]中综合地基激光系统和空间激光系统的优点,提出了一种混合地基-空间激光系统。在第一阶段,小型空间碎片进入地面站的激光照射场。下一步,如果碎片在进入"激光死区"之前没有被摧毁,则需要第二阶段:使用安装在轨道站上的激光系统。数学和数值模拟表明,在 800km 高度的小型(2mm)碎片可以通过 1553 个激光脉冲清除。

4.2.5 非接触式离子束系统

欧洲航天局[3]也考虑了空间碎片补救的非接触方法(如离子束方法)。离子束方法的基础是主动航天器发射能量使空间碎片产生相对运动。为实现该目的,在靠近空间碎片的航天器上产生高速离子束。离子被加速到很高的速度,航天器本身的电荷被阴极中和器释放的电子所中和。当加速等离子体束撞击目标表面时,会产生一定的力,因此,空间碎片将被推至更高的轨道(正如地球静止轨道转轨所要求的)。航天器上应安装低推力发动机,以保持物体之间的距离。采用这种空间碎片补救方法,不需要开发特殊的夹持装置,而且无论物体是否旋转,或者其形状如何,都可以达到效果[20]。有些计划采用这种办法来补救质量为 1000~2000kg 的大型物体(特别是从地球静止轨道)。例如,参考文献[21]中假设在离子束守护卫星(在地球静止轨道附近运行)上创建高速离子束,并将其射向目标物体,以在不与其对接的情况下改变其轨道。然而,高密度离子束的使用涉及某些物理和工程问题,这些问题首先与离子束所涉及几何形状下空间碎片的作用力特性有关[22],同时,还与空间碎片侵蚀产物在主动航天器功能器件上的沉积有关。

4.2.6 太阳帆和可展开的附加气动舵面

对于从低地球轨道上清除大型空间碎片,还应该提到太阳帆(或类似用途的充气装置）。最初，提出太阳帆的想法是在不消耗推进剂的情况下实现轨道间飞行。然而，对于低地球轨道而言，太阳帆可以用作空气制动器，以增加航天器在高层大气的阻力。近20年来，人们对帆面展开问题进行了广泛的研究。在空间和地球上帆面展开实验中，我们选出了以下两个案例：

（1）1993年2月4日在Progress M-15货轮上进行的第一次连续20m的无框架帆面展开（Znamya-2实验）[23]。

（2）2010年，IKAROS太阳帆首次在星际空间[24]进行长时间飞行，其中使用了一个14m×14m的无框帆（0.62m^2/kg航行能力）。

航天器发射次数的增加要求建立小型和轻量级系统，以便在运行结束后从目标轨道脱离。根据所谓的25年规则（ISO 24113：2019[25]），低轨卫星必须在25年内再入地球大气层。然而，在未来几年，由于发射航天器数量的快速增长和对巨型星座的担忧，这一要求可能会收紧。应特别注意质量达到几十千克的航天器的数量日益增加（微纳卫星）。这些物体大多位于国际空间站轨道附近（高度约400km，倾角51.6°）以及太阳同步轨道（SSO）上（高度500～800km，倾角97°～102°），这可以通过它们的发射方式来解释。一般来说，微卫星、纳卫星和皮卫星都没有配备推进系统，而对这类卫星来说，在大气中自然报废的时间可能远远超过25年。因此，太阳帆/附加的可展开气动舵面对于离轨来说似乎是一个方便的系统[26]。目前，太阳帆的竞争者是各种类型的电力推进发动机，其质量可与太阳帆相比，但是电力推进系统能提供更精确的机动[27]。

4.3 空间碎片群的飞越优化

4.3.1 大型空间碎片移到处置轨道的方式和目标物体之间的转移方案

机构间空间碎片协调委员会在2007年发布了《空间碎片减缓指南》[4]，推动了大型空间碎片物体之间飞越方案的研究。虽然该文件在国家间层面指出了空间碎片问题，但后来对近地空间状态模拟的研究表明，仅仅执行这些建议是不够的，仍然有必要从数量最多的轨道上清除大型的空间碎片。

尽管处理大型空间碎片的可用方法有许多，但可以从中找出离轨/转轨到处置轨道的两种主要方式（图4.3）。在第一种方式下，一个主动航天器只在碎片物体之间飞越并与它们对接，使用安装在碎片物体表面的特殊充气空气动力装置或离轨/转轨推进套件让其转移到处置轨道。在第二种方式中，主动航天器本身将清除对象推入处置轨道，然后依次向后执行下一个物体的转移。

第 4 章 最拥挤轨道空间碎片的离轨/转轨方法概述

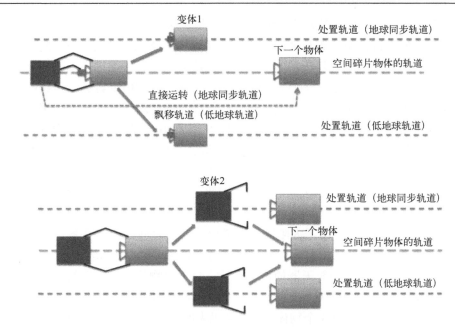

图 4.3 空间碎片物体转移到处置轨道的两种方式

出于经济考虑，一个活动航天器收集器应该能够清除多个空间碎片。碎片的确切数量是未知的，这取决于它们的轨道参数和主动航天器的能力。更合适的碎片离轨/转轨方式也是未知的。因此，对于每种方式，应该尝试在给定碎片组之间获得最合理的转移方案。转移方案的选择是提高任务效率的关键。通过使用一个最优的转移方案，我们可以使用相同的航天器收集器资源在更多的碎片之间飞越，并将它们推到处置轨道。首先，这里谈到了在收集器的给定操作时间下，将每一次转移的总 ΔV 最小化。

4.3.2 低地球轨道空间碎片离轨到处置轨道的第一种转移方案建议

在参考文献[28]中，考虑了 42 个大约 850km 轨道高度上 80.5°～82°轨道倾角的碎片转移。转移序列由组合方法（级数法算法）和兰伯特（Lambert）方程中的机动参数确定。在此基础上，提出了一种在 260 天内清除 32 个目标、总 ΔV 为 12km/s 的转移方案。总 ΔV 预算如此巨大的原因在于，每次转移中仅以速度脉冲消耗为代价来实现初始和最终轨道面之间的夹角修正。

参考文献[29]中采用混合最优控制理论来寻找低地球轨道物体之间的最优转移序列。由于相关问题的数学形式化比较复杂，只能在假设所选物体轨道近似在同一平面上的特殊情况下进行求解。然而，实际上空间碎片的轨道分布在整个升交点赤经（RAAN）范围内，因此这种说法不适用于实际碎片。

从本质上讲，空间碎片之间的最优转移问题与经典的"旅行商"问题很接近。然而，实际情况要复杂得多。由于引力扰动，轨道平面以不同的速度连续进动，空间碎片按照已知的轨道周期运行。参考文献[30]中尝试用传统的方法寻找空间碎片的飞越序列，提出了将"旅行商"问题求解与考虑地球极压影响的碎片轨道运动相结合的方法。因此，参考文献[30]中从 11 个目标中选择 5 个目标的飞越序列模型涉及 154 个二进制变量、341 个实变量和 1070 个约束条件。实现所提议的解决方案的复杂性将随着研究物体数量的增加而无限增加。此外，寻找解决方案的算法并不透明，因此，也没有明确的理由说明为什么某种解决方案是最优的。

参考文献[16]中考虑了太阳同步轨道碎片的离轨问题。该任务包括发射一个主动航天器，它在大型空间碎片之间转移，并携带大量"离轨设备"。作者试图涵盖以下问题：主动航天器的概念设计；负责将物体推入处置轨道的推力器离轨套件的特性；在空间碎片上安装此类离轨推进套件；转移机动。选择了 41 个空间碎片，每年清除 5 个物体。计算结果表明，在 7 年内有可能使 35 个物体离轨，为此需要发射 7 个主动航天器。升交点赤经进动偶尔被用于计算主动航天器的机动：对于一些转移，航天器被放置到调整进动率的漂移轨道上。在这种方法下，改变侧向机动的升交点赤经不需要过多的总 ΔV。同时，可以任意选择飘移轨道和所花费的时间，因此没有给出所选择的飘移轨道参数与所期望的轨道参数修正量之间的关系。这种方法的另一个缺点是，假定每年离轨物体的数量是固定的。

参考文献[31]中还考虑了太阳同步轨道上面级的离轨。用升交点赤经偏差的演变图来可视化轨道平面的相对运动（图 4.4）。

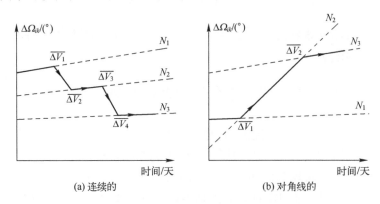

图 4.4 升交点赤经偏差演变画像（彩图见插页）

将一个主动航天器转移到一个具有自然进动变化的飘移轨道，用于抵消升

第 4 章 最拥挤轨道空间碎片的离轨/转轨方法概述

交点赤经中的差异（$\Delta\Omega$），如图 4.4(a)和图 4.5 所示。这种方法显示了良好的结果，因为在可接受的时间内（几个月），它证明了有可能使飞行面几乎相同（升交点赤经初始差异 $\Delta\Omega \leqslant 15°$）。有些转移需要更大的 $\Delta\Omega$，但这种转移需要在飘移轨道停留更长的时间。与以往研究不同，飘移轨道的参数不是任意选择的，而是根据 $\Delta\Omega$ 值和碎片之间的转移时间计算的。

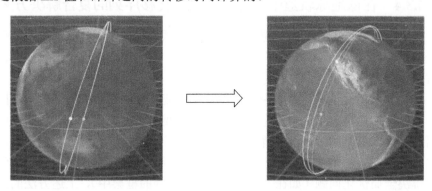

图 4.5 使用具有另一种升交点赤经进动率的较低飘移轨道转移到下一个空间碎片物体

本章在求解低地球轨道近圆交会问题的基础上，确定了具有较大升交点赤经偏差时的机动参数。此外，对于太阳同步轨道，作者提出了一种原创的转移方案（图 4.4（b）），其中使用前一个目标的轨道来改变平面方向，以便转移到下一个目标。这种方法在参考文献[31]中称为对角线。由于这种飘移轨道和"对角线"转移方案的复杂应用，参考文献[16]的结果得到了双重改进：使用 4 个航天器收集器可以使 46 个物体离轨。

4.3.3 低地球轨道空间碎片离轨到处置轨道的第二种转移方案建议

参考文献[32]中考虑了由近地非共面轨道上的 38 个航天器组成的星座。假定航天器可以执行机动，并且每个航天器都能够使 25 个危险碎片离轨。采用兰伯特方程估计机动参数。然而，在计算中，没有考虑到物体轨道由于地球重力场的非中心性而受到相当大的扰动这一事实。因此，在每次转移过程中都没有考虑到需要修正轨道平面的方向。此外，每个航天器可清除高达 25 个物体的可能性明显过高，还从未实现过文中给出的解决方案。

参考文献[33]中建议使用装有化学或电力推进系统的主动航天器开展碎片离轨。作者考虑了倾角为 71°和 74°轨道物体之间的转移问题。作者对处置轨道远地点在航天器运行区停留的时间进行了估计。计算结果表明，所考虑的空间碎片群椭圆处置轨道的远地点将在大约 10 年内下降到 700km 高度以下。任务的紧凑时间框架和对离轨物体数量的严格限制导致了 ΔV 总预算过大。

参考文献[34]结合了第一种和第二种方式：第一个碎片使用主动航天器携带的一个特殊模块离轨，下一个碎片使用航天器自身离轨；这种方法更可靠，但需要重复多次。

4.3.4　在低地球轨道中确定空间碎片转移序列的复合解决方案

参考文献[35-36]中考虑了通过两种离轨方式对由 5 个空间碎片构成的群组（低地球轨道运载火箭末级）的转移问题。在这种情况下，形成一组碎片的轨道通常具有相同的倾斜度（高达零点几度）。

这些论文在低地球轨道中空间碎片转移物流方面明显不同于其他所有出版物。首先，它们涵盖了这类大型废弃对象的主要群组。其次，在这些研究中，采用了一种完全不同的方法来确定物体之间的转移顺序（这种方法更简单，但同时也更精确）。虽然大多数关于这一主题的出版物旨在建立一个全面的数学模型并解决全局优化问题（如在"加权旅行商"问题的框架中），上述方法的思想是，轨道本身的演化能够消除与轨道平面变化有关的最大修正代价。参考文献[35-36]中单独挑出一个控制空间碎片运动动力学的自然扰动因子并加以使用，没有对研究物体的数量进行限制，直接从升交点赤经偏差的演化曲线分析中得到解决方案（图 4.6）。

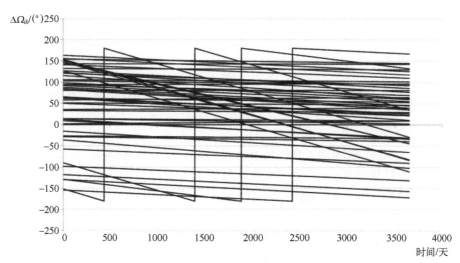

图 4.6　低地球轨道存在一个空间碎片群情况下的升交点赤经偏差演化

这样一个场景使我们有可能简单地为选定的一组轨道倾角相近的被动碎片确定转移序列。这使 ΔV 总代价最小，因为代价最大的轨道参数修正（升交点赤经变化）被排除在外。此外，参考文献[35-36]提供了解决方案的可视化。作者没有确定每年应该脱离轨道的物体数量，这使得解决方案更加灵活，同时实现了每年清除 5~6 个碎片的平均速度。一般来说，航天任务的持续时间不超过 10 年。

4.3.5　地球静止轨道空间碎片转轨到处置轨道的转移方案

在地球静止轨道附近建立空间碎片转移方案时，应考虑到这类轨道的具体情况，即对地静止物体因地球重力场非中心性、从月球到太阳的引力摄动、潮汐力和太阳辐射压力而受到扰动。因此，一旦失去对物体的控制，它的轨道就不再是赤道轨道和地球同步轨道。另外，地球静止轨道附近没有高层大气，升交点赤经进动仅为低轨道的 1/35~1/32。

Alfriend[37]是最早在航天器服务问题框架内考虑多个地球静止轨道目标间转移问题的人之一。以燃料消耗最小化为最优准则，在旅行商问题求解的基础上确定转移序列。考虑到转移机动中共面分量非常小，分析中只考虑了横向分量。作者主要研究小倾角轨道机动共面分量等持续时间转移和等燃料代价转移问题。

参考文献[38]中研究了地球静止轨道燃料加注问题。假定服务航天器和燃料站位于地球静止轨道附近，加注不仅可由服务航天器进行，还可由其他有充足燃料预算的普通航天器进行。作者采用数值枚举法和粒子群法确定了航天器的转移序列和质量特性。

参考文献[39]中采用两种最优化标准（燃料消耗最少和任务持续时间最长）和粒子群方法对类似问题进行了优化。作者通过求解优化问题，确定了从等待轨道的逃逸时间、等待轨道与目标之间的转移时间，以及从一个目标到另一个目标的转移时间，并利用兰伯特方程确定转移轨道的参数。

尽管与服务问题的描述相似，但不同作者获得的服务问题解决方案不能用于大型空间碎片的转轨问题，因为这些服务方法涉及返回服务站的机动，而且轨道平面与赤道的倾角通常为零。对于地球静止轨道碎片转轨，需要在执行物体之间的直接转移（第一种转轨方式）或将排在最前面的待清除物体推到一个处置轨道，再从处置轨道转移到下一个物体（第二种转轨方式）。此外，地球静止轨道目标之间的转移问题非共面性是很高的。

与参考文献[16，30，35-36]中低轨道的情况不同，对于大型地球静止轨道物体之间转移的轨道动力学问题，特别是这些物体之间的最优转移方案，研究得很少。最近的研究之一是参考文献[40]，其中转轨是由航天器收集器本身开展的(活跃航天器的数量有所变化)。作者使用混合最优控制搜索最优转移序列，该混合最优控制能够提供双脉冲机动序列，同时优化 ΔV 总消耗和转移持续时间。由于数学模型的复杂性，作者只考虑了数量较少（$n \leqslant 6$）的转轨物体。参考文献[41]也采用了类似的原则,但该文假设所有物体的轨道都是赤道形和圆形的,这与实际情况相差甚远。

参考文献[42]中对地球静止轨道附近空间碎片的两种转轨方式进行了比较(87 个上面级被认为是需要转轨的物体)。结果表明,由于轨道参数在地球静止轨道区域内的缓慢演化,这两种转轨方式可以采用相同的转移方案。作者描述了近赤道区域轨道相对位置的几何特性,并考虑了两种目标间的转移方案。第一种方案是当轨道在赤道附近倾角相同时进行轨道间转移,第二种方案是当下一个目标轨道在赤道附近倾角最小时进行轨道间转移(图 4.7)。

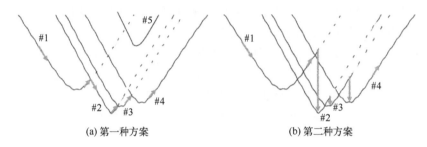

(a) 第一种方案　　　　　　　(b) 第二种方案

图 4.7　基于倾角随时间变化的地球静止轨道附近可能的空间碎片对象飞越方案

计算表明,两种飞越方案在两物体之间转移的平均总 ΔV 和所有物体之间转移的持续时间实际是相等的。然而,在第一种方案中并非所有考虑的目标都被覆盖到。因此,应优先考虑当下一个物体的轨道倾角在赤道区域内达到最小值时进行转移的方法。计算表明,从地球静止轨道保护区域清除火箭上面级需要 6 个航天器收集器。每个主动航天器的有效使用寿命预计最多为 8 年,所需的 ΔV 总预算最多为 0.7km/s。因此得出一个结论:物体转轨到处置轨道平均需要 10m/s;从前一个对象的处置轨道返回到一个新对象在能量消耗上几乎等于这些对象之间的顺序转移。在这方面,由于不同于低轨道(在低轨道中最好使用离轨推进套件),地球静止轨道区域的空间碎片对象转轨采用第二种方式(使用航天器-收集器本身)更为有利。

4.4　空间公司和机构的项目概况

4.4.1　轨道服务问题:碎片主动清除技术发展的关键载体

空间碎片物体间转移方案的设计问题与航天器服务问题比较接近。到目前为止,空间硬件的轨道服务仅由宇航员进行,目的是保持空间站的性能。人们还可以提到一些美国国家航空航天局使用航天飞机对哈勃空间望远镜进行检查和修复的任务（1993—2009 年）。由于人们希望减少卫星发射和运行费用，再加上新技术不断出现，产生了航天器轨道服务的想法。在这种方法下，初始计划中没有宇航员直接参与。这就是为什么机器人设备的能力水平是决定具体项目可行性的关键因素。

轨道服务问题总是涉及一个"客户"（一个需要关注的对象）和一个机械师（一个配备硬件的航天器，使用它可以恢复客户的性能能力）。无论客户是活跃卫星还是空间碎片，都会在客户附近部署一个"机械师"，在那里进行交会操作并与相应机构对接。目前，有几个真正成功运作的机器人空间应用：Canadarm-2（加拿大空间站遥操纵系统），以及未来几年的欧洲机械臂。这两种工具都是为国际空间站设计的，主要用于沿其表面移动货物。在为服务任务进行对接时，需要一个机械臂来捕获一个小得多的对象，如果必要，还需要在其表面执行局部操作，这使得机械臂的质量和尺寸更小。因此，这样的机械臂可以从机械上集成到主动服务航天器上。

通过在各种软件包中模拟这些系统的运行及其物理特性，可以实现新航天器的开发以及相应服务机器人的管理。这将使研究用于外层空间服务目的的航天器、分析航天器和机器人系统的设计与结构，以及规划和执行轨道维护任务成为可能。目前，航天器运行环境的性质严重阻碍了航天器全系统运行的建设。航天器服务策略仅假设对星载系统运行机制进行监控。地面控制设备维持和恢复航天器性能的能力受到遥测系统能力、星载设备冗余度和推进系统可用燃料的限制。还应该指出的是，现代航天器是不可修复的，其寿命结束阶段往往伴随着人为的空间污染。故障的根本原因可以细分为三种：装载结构元件的部署故障和航天器进入轨道后无法直接与其建立通信链路；星载设备故障；航天器结构构件的机械失效和损伤[43]。所以，空间碎片物体是由星载设备有故障但推进系统正常工作的航天器，以及星载设备正常工作但推进系统由于燃料耗尽而失效的航天器组成。对于高轨人造地球卫星，特别是地球静止轨道通信卫星来说，由于燃料耗尽而导致航天器使用寿命结束是一种典型情况。例如，开普勒空间望远镜（用于寻找系外行星）就因为燃料耗尽停止了工作。

信息系统空间段提供服务类型的增加和对这种服务需求的增加加大了航天器故障情况下的经济损失风险。例如，导航航天器中的故障可能会导致许多大客户的经济损失。在这方面，航天器服务费回报率是主导因素。在这种情况下，对航天器的快速修复和恢复原来性能变得非常有利。当涉及许多卫星群组时，近地空间的人为污染程度增加，这就需要使用专门的航天器来清除空间碎片。

换句话说，不把钱花在维护和维修上，就得把钱花在空间碎片控制上。

配备推进系统的服务航天器既可以用于服务作业，也可以用于将大型空间碎片转移到处置轨道。下面提到的项目涉及这种航天器（列表不完整）：机器人技术实验（ROTEX）、实验服务卫星（ESS）、轨道碎片防御系统（ODDS）、通用轨道修正航天器（SUMO）、前端机器人赋能近期演示（FREND）、德国在轨服务任务（DEOS）、欧洲脱轨任务（e.Deorbit）和清除碎片任务（Remove DEBRIS）。

4.4.2 欧洲服务任务项目

1993 年，德国航空航天中心在 STS-55"D-2"空间实验室任务框架下进行了机器人技术实验飞行实验。该实验的目的是在空间飞行条件下测试一个具有 6 个自由度的 1m 机械臂，测试内容包括测试与该机械臂的通信链路，并检查其与航天器对接以便对其维护的可能性[44]。在飞行过程中，机器人必须安装桁架，以抓住自由飞行的物体，在独立模式和接受地面站指令情况下连接/断开电源。

一个复杂的多传感器抓手装置配备了 9 个激光测距系统和立体摄像机。实验证实，在目前的硬件和技术发展水平下，机器人结构既可以在操作者（位于地球上或航天器上）控制下，也可以在独立模式下在外空间工作[45]。

德国航空航天中心实验服务卫星项目涉及研究系统动力学的实验室实验，以及通过使用机械臂来确认自由飞行航天器与服务对象对接以进行交会、检查和修复的可行性[46]。该项目研究了配备机械臂的机器人和由机械臂连接在一起的两个航天器组合的动力学行为，实验验证了所采用的工程解决方案的正确性，并有助于构建系统的动力学模型。

地球静止轨道清理机器人（ROGER）的概念是由 Astrium 提出的[47-49]。质量为 3500kg 的服务航天器能够对服务对象进行检查、稳定操作，并通过在一定距离外抛射的网状捕获系统将其移向其他轨道，这种方式排除了服务航天器和可用航天器的任何碰撞。该可重复使用系统的主要设计目的是将非合作物体从目标轨道移到处置轨道。该机器人可使用的抛射网多达 20 个。该抛射网有 4 个额外的配重，整个目标捕获机构重 9kg。捕获实验是在零重力条件下开展的。

类似于 QinetiQ 地球静止轨道清理机器人概念是以使用地球静止轨道卫星基本设计为基础的。一个发射质量为 1450kg 的航天器（在地球转移轨道上），拥有八角棱镜状的外形，并配备了一个带有有效载荷抓手系统的伸缩杆。同前面的概念一样，建议使用电推进系统，后者包括 4 个用于地球静止轨道喷射的固定式等离子体发动机和 24 个肼发动机。伸缩杆直接安装在航天器上。在伸缩杆的两端有 4 个"触手"，它们可以同时操作，也可以单独操作。这些"触手"由接触面柔软的圆锥状手指组成。

2012 年，Astrium 还提出了一个轨道服务任务——新的德国在轨服务任务项目（耗资约 1300 万欧元）。该项目的目的是演示被遗弃卫星的受控离轨技术，并执行其维修任务（特别是加注）。德国在轨服务任务项目在很大程度上依赖于尚未进行空间运行测试的技术。这次任务预计将向 550km 高度的轨道发射两个航天器。"客户"充当需要维修或处理的卫星，"机械师"必须在"客户"上执行必要的活动。该项目原计划在 2018 年做好发射准备，但在 2017 年被终止了。

2014 年，欧洲航天局开始开发 e.Deobit 任务，目的是使老化的 Envisat 航天器脱离轨道，它是射到空间的最大遥感卫星。该任务需要向 800～1000km 高度的轨道发射一个质量为 1600kg 的航天器。航天器应接近 Envisat 并使用抛网或机械臂捕获它（在后一种情况下，应该对目标进行捕获和固定）。下一步是安排 Envisat 航天器受控下降到稠密大气层。该任务的发射时间定在 2023 年，其初步设计已于 2016 年获得批准。

2018 年，在轨碎片主动清除任务航天器发射升空。由萨里空间中心建造的 RemoveDEBRIS 是以英国萨里卫星技术有限公司航空电子器件为基础的。这次任务的目的是演示各种空间碎片离轨技术，并研究它们的效率。该任务包括一个微型卫星平台（追逐器），发射两颗立方体卫星（目标）。航天器质量为 100kg，尺寸为 65cm×65cm×72cm。它配备了捕获网、捕获鱼叉、激光测距系统和拖曳帆。预计进行以下实验：

（1）网捕实验。其中一颗立方体卫星通过使一个膨胀气球来模拟空间碎片残骸。当气球接近主航天器时，平台上弹出一张网，捕捉气球，然后执行离轨操作。

（2）立方星-2（如 DebrisSat-1）从平台弹出，之后平台执行一系列来回机动，以从激光雷达和光学相机获取数据与图像。

（3）鱼叉实验。鱼叉想定使用一个从平台向外延伸的可部署目标作为鱼叉的目标。

（4）拖曳帆演示。拖曳帆演示是在平台脱离轨道时最后进行的。为使航天器在稠密的大气中脱离轨道，应该展开一个大的拖曳帆，以大幅增加空气阻力。

2018 年 9 月，成功展示了使用抛网捕获预部署目标的可能性。2019 年 2 月，进行了一次鱼叉实验：鱼叉以 20m/s 的速度发射并成功刺穿目标，目标被一个 1.5m 可展开的吊杆放置在远离平台的地方。激光雷达实验也很成功，但任务的最后阶段失败了。拖曳帆没有展开，原因不明。

4.4.3 美国服务任务项目

轨道碎片防御系统项目是由西弗吉尼亚大学开发的，目的是处理各种大小、轨道和速度的空间碎片。航天器具有模块化结构，设计用于接近和捕获 10cm～2m 尺寸不等的空间碎片。假定它可以被发射到极轨道和赤道轨道，包括倾斜 110° 的逆行轨道。考虑到改变轨道和倾角所消耗的燃料，设想使用在几个基础轨道"邻里"同步运行的轨道航天器群组。在这种情况下,"邻里"被理解为一个空间区域,相对于基础轨道的轨道平面而言,其高度可达上下 100km,横向距离可达左右 100km。

通用轨道修正航天器项目是由美国国防高级研究计划局开发的。据说将发射 4 颗通用轨道修正航天器到近地基础轨道。在推进系统的帮助下,该航天器能够接近目标卫星到 100m 或更近,在此之后,由 20 个搭载摄像机组成的系统将接管与目标卫星在 1.5m 距离的交会控制工作。接下来的对接由机器人的机械臂自动完成。2005 年 4 月,测试中使用了一个六自由度机械臂,该机械臂配有额外的摄像机和脉冲氙灯来照亮目标,同时,测试中还使用了从地球静止轨道波音 702 和洛克希德·马丁公司的 A2100 空间平台开发的航天器模型。

前端机器人赋能近期演示项目由美国国防高级研究计划局提出,旨在与那些最初设计并没有考虑服务操作的卫星建立完全自主的对接能力。自主交会和捕获地球静止轨道卫星系统是为服务和"撤离"任何类型的航天器而开发的,该系统的主要工作元件是机械臂[50]。2007 年成功测试了 1m 和 2m 机器人操作臂的全尺寸实验室演示装置,并在全自动模式下验证了控制算法的可靠性和机器人机械臂的可视化[51-52]。

美国国防高级研究计划局在 2007 年实施了全面的轨道快车先进技术项目,该项目旨在展示航天器自主在轨服务所需的各种技术。轨道快车计划旨在通过展示在轨加注、升级和航天器使用寿命延长的可能性来改变对空间活动的传统理解。该系统包含两个航天器:ASTRO 航天器(用于服务操作)和 NEXTSat 航天器(下一代模块化可服务航天器的原型)。该任务包括以下操作:在轨交会、接近、在彼此附近悬停、捕获、对接、肼转移和特殊服务模块更换。在轨加注任务成功完成。一个主动航天器使用机械臂自主地捕获了一个自由飞行的"客户",并转移了电池和一个带有板载计算机的模块。

在美国国家航空航天局,航天器服务是通过一个特殊单元 SSPD 来实现的[53]。2010 年前的在轨航天器服务的描述可参见参考文献[54]。2020 年后,用于 Landsat-7 航天器在轨加注的 Restore-L 自动服务技术演示系统正在进行[55]。该航天器以劳拉空间系统 SSL-1300 平台为基础,发射质量从 5500～6700kg 不等。美国国防高级研究计划局正在轨道快车任务开发技术的基础上发展一种向地球静止轨道卫星提供服务的航天器。该任务预期 2020—2021 年实现利用单个航天器执行服务任务[56]。

美国空间基础设施服务公司提出的面向多个航天器的在轨服务方法[57],预计将使用一种自动航天器,在 2～4 年时间内,通过在 5 颗国际通信卫星之间移动来执行上述服务任务。为类似卫星提供服务的其他项目可在国际通信卫星组织梳理的概述中找到[58-59]。MDA 公司[60]的项目主要考虑通过一个携带 2000kg

燃料的主动航天器进行航天器燃料加注。这些服务航天器的原型是为已经运行的卫星提供服务而设计的，这些卫星的最初设计并未考虑在轨服务问题，它们没有对接点位，是非合作对象，不适合加注和更换单元。

4.4.4　日本服务任务项目

轨道碎片防御系统项目是由日本宇宙航空研究开发机构（JAXA）开发的，它执行了下列任务并测试了可用于在轨服务问题的技术：

（1）1997 年 8 月的机械臂飞行演示（MFD）。

（2）1997 年 11 月的工程测试卫星（ETS-VII）。

（3）国际空间站上的日本实验舱遥控机械臂系统（JEMRMS）。

（4）2009—2012 年的国际空间站转移飞行器（HTV）。

参考文献[61]考虑了利用微型卫星使低地球轨道空间碎片离轨的可能性。在该项目中，在航天器和空间碎片之间使用了电动系绳。微型卫星通过一个配备了视觉系统的机械臂与空间物体对接，该视觉系统将被探测到的空间物体与参考物体进行比较，并分析对接的可能性。微型卫星是通过全球定位系统导航的。假定日本宇宙航空研究开发机构未来将在新的航天器上使用特殊标签，以简化新微卫星与航天器的对接及其进一步处置。

4.4.5　太阳帆任务：航天器使用寿命结束时被动离轨的可用技术

目前，已经成功实施了三个小型航天器的离轨试验项目：NanoSail-D2[62-63]、LightSail-1[64]和 LightSail-2[65]，这些项目在离轨过程中采用了大气制动帆。

2010 年，NanoSail-D2 任务的主要目的是实现帆展开机制的开发验证。使用该帆作为大气制动器，使航天器离轨是其次要任务。这个帆由 4 瓣组成，共同形成面积约为 $10m^2$ 的正方形。据推测，由于大气制动，航天器将从 650km 高度的初始圆形轨道下降，并在 70～120 天内在大气中燃烧。然而，由于帆的角运动不可控，航天器开始无序旋转。由于帆中部的有效面积明显小于标称值，航天器离轨实际用了 240 天。

2015 年，对 LightSail-1（LightSail-A）航天器太阳帆演示任务开展了飞行试验。航天器展开了它的太阳帆，在 7 天内成功地完成了飞行试验[64]。

LightSail-2 航天器于 2019 年 6 月发射[65]，目的是演示操纵太阳帆的可能性。任务是通过控制帆相对于太阳的方向来提高轨道远地点并降低近地点。计划在大约 1 年的时间里，轨道的近地点将达到大气高度，实现快速脱离轨道。

在已开发的硬件中，我们还提到了"立方帆"（CubeSail）微纳太阳帆[66]及其类似物，计划安装在已经发射的卫星上，以便在其使用寿命结束后脱离轨道。

4.5 本章小结

在空间碎片减缓问题上进行应用科学研究的现实意义，已由目前开发和验证被动物体离轨工程解决方案的项目得到证实。这些项目由 EADS Astrium、英国萨里卫星技术有限公司（SSTL）、欧洲航天局、美国国家航空航天局和美国国防高级研究计划局资助。

由于资金问题，这些项目中许多都在即将开始实际实施的阶段被终止了。在空间机构管理层面认真讨论这类倡议的事实表明，迟早会开发和测试出某些工程解决办法。

到目前为止，主要的焦点是大型空间碎片对象，如废弃的卫星、运载火箭级和上面级。首先，这些物体是可以从地球上观察到的（甚至是地球静止轨道上的物体），它们的轨迹是已知的，并不断得以修正；因此，通过在选择运行轨道阶段进行准确的规划和预测，可以避免与它们发生碰撞。其次，在凯斯勒碰撞级联效应的背景下，大型物体构成了最严重的危险：此类物体的碰撞会产生大量新的空间碎片，其轨迹高度不可预测。

目前编目的物体中大约有 11%是航天器生命周期中形成的碎片。应尽量减少空间硬件运行过程中产生的碎片数量。目前，空间机构正采取措施防止此类物体出现。现代卫星制造商通常会有意识地避免产生碎片，因为这些碎片将留在航天器附近，并可能对其构成危险。

目前，关于低地球轨道和地球静止轨道的国际协定规定，大型空间碎片应在其使用寿命结束时脱离轨道或转移到处置轨道。但是，这些规则不适用于在这些建议被采纳之前已经成为空间碎片的物体。因此，有必要研究出将这些物体转移至安全轨道的方法。

关于大型空间碎片的话题正在迅速而有力地扩展，特别是考虑到 2009 年两颗卫星相撞和空间试验的影响。所有大型物体都已被编目，它们的轨道也不断受到监测。特别是对此类目标的飞越方法及对其捕获和固定方法相关的研究非常活跃。下一个合乎逻辑的步骤是设计一个航天器收集器，其具有一些基本的新功能：捕获以及从轨道上脱离/转移空间物体。这些解决方案肯定会在业界中得到应用，特别是在未来的航天器服务领域。

缩略语

DO Disposal Orbit 处置轨道
ESA European Space Agency 欧洲航天局

GEO　Geostationary Earth Orbit　地球静止轨道
IADC　Inter-Agency Space Debris Coordination Committee　机构间空间碎片协调委员会
ISS　International Space Station　国际空间站
LEO　Low Earth Orbit　低地球轨道
MEO　Medium Earth Orbit　中地球轨道
NASA　National Aeronautics and Space Administration　美国国家航空航天局
RAAN　the Right Ascension of the Ascending Node　升交点赤经
SC　Spacecraft　航天器
SDO　Space Debris Object　空间碎片物体
SSO　Sun-Synchronous Orbits　太阳同步轨道
TDK　Thruster De/Re-Orbiting Kit　离轨/转轨推进套件

词汇表

低地球轨道：从地球表面延伸到大约 2000km 高度的球形区域。

中地球轨道：从地球表面以上 2000km 的平均高度延伸到地球静止轨道的球形区域。当谈到空间碎片时，这一术语通常是指 19000～24000km 高度的区域，在那里部署了全球定位系统、全球导航卫星系统、伽利略和北斗导航系统。

地球静止轨道：独特的赤道圆形轨道，其在赤道上空的高度为 35786km，轨道周期与地球绕其轴的自转相匹配，为 23h56min4s（一个恒星日）。这个轨道上的卫星相对于地球表面的观测者在天空中保持相同的位置。

大型空间碎片：任何在寿命结束后仍然完整并可被移至处置轨道的被动物体（非运行卫星、运载火箭最后一级或末级）。

处置轨道：以低地球轨道为例——一个存在 25 年并在稠密大气层中衰变的轨道。处置轨道可以是圆形和椭圆形。例如，对于从 850km 高度发射的运载火箭的最后一级，圆形处置轨道的近似高度可能是 540～550km，椭圆形处置轨道的中心周高度可能是 420～440km。这些数值取决于物体的面积质量比、轨道类型和高层大气的密度动态。就地球同步轨道而言，至少比理想的地球静止轨道高 235km。

机构间空间碎片协调委员会准则：由机构间空间碎片协调委员会（空间碎片协委会）编写，并于 2007 年更新——《空间碎片减缓准则》。通常附有《支持空间碎片协委会空间碎片减缓准则》（2007 年）。这些文件阐述了对空间机构、卫星生产公司和发射运营商的建议，旨在减少在开展空间作业时产生人为空间碎片的情况。

升交点的赤经：赤道平面上惯性轴 Ox（现在在 J2000 坐标系中）和轨道上升交点之间的角度。

升交点的赤经飘移：由地球内部非球形质量分布引起的升交点的赤经进动（对于倾角小于 90°的轨道——向西），行星的形状接近旋转椭球体，质量分布大多重复。

延伸阅读

Baranov A.A., Grishko D.A., Mayorova V.I. (2015). *The features of constellations' formation and replenishment at near circular orbits in non-central gravity fields.* Acta Astronautica 116:307–317.

Baranov A.A. (2016). Spacecraft maneuvers in the vicinity of a circular orbit. Moscow: Sputnik+, 512 p. [In Russian].

Labourdette P., Baranov A. (2002). Strategies for on-orbit rendezvous circling Mars. Advances in the Astronautical Sciences 109:1351-1368.

Anderson P.V., Schaub H. (2014). Local debris congestion in the geosynchronous environment with population augmentation. *Acta Astronautica* 94:619–628.

Bonnal C., Ruault J.-M., Desjean M.-C. (2013). *Active debris removal: Recent progress and current trends .* Acta Astronautica 85:51-60.

RemoveDebris Mission: Description and results (2020). *RemoveDebris Mission.* https://directory.eoportal.org/web/eoportal/satellite-missions/r/removedebris

Guglielmo S. Aglietti et al. (2020). The active space debris removal mission RemoveDebris. Part 2: In orbit operations. *Acta Astronautica* 168:310-322.

参考文献

[1] Donald J. Kessler and Burton G. Cour-Palais. Collision frequency of artificial satellites: The creation of a debris belt. *Journal of Geophysical Research: Space Physics*, 83(A6):2637–2646, 1978.

[2] D. J. Kessler. Collisional cascading: The limits of population growth in low Earth orbit. *Advances in Space Research*, 11(12):63–66, 1991.

[3] Kjetil Wormnes, Ronan Le Letty, Leopold Summerer, Rogier Schonenborg, Olivier Dubois-Matra, Eleonora Luraschi, Alexander Cropp, Holger Krag, and Jessica Delaval. ESA technologies for space debris remediation. In *6th European Conference on Space Debris*, volume 1, pages 1–8. ESA Communications ESTEC, Noordwijk, The Netherlands, 2013.

[4] IADC space debris mitigation guidelines. https://www.unoosa.org/documents/pdf/spacelaw/sd/IADC-2002-01-IADC-Space_Debris-Guidelines-Revision1.pdf, 2007.

[5] United Nations office for outer space affairs. Space debris mitigation guidelines of the Committee on the peaceful uses of outer space. https://www.unoosa.org/pdf/publications/st_space_49E.pdf, 2010.

[6] J.C. Liou and N.L. Johnson. A sensitivity study of the effectiveness of active debris removal in LEO. *Acta Astronautica*, 64(2-3):236–243, 2009.

[7] J.C. Liou, N.L. Johnson, and N.M. Hill. Controlling the growth of future LEO debris populations with active debris removal. *Acta Astronautica*, 66(5-6):648–653, 2010.

[8] J.C. Liou. An active debris removal parametric study for LEO environment remediation. *Advances in Space Research*, 47(11):1865–1876, 2011.

[9] H.G. Lewis, A.E. White, R. Crowther, and H. Stokes. Synergy of debris mitigation and removal. *Acta Astronautica*, 81(1):62–68, 2012.

[10] V.I. Trushlyakov and E.A. Yutkin. Overview of means for docking and capture of large-scale space debris objects. *Omskii nauchnyi vestnik, Omsk Scientific Bulletin*, (2):56–61, 2013.

[11] V.S. Aslanov, A.V. Alekseev, and A.S. Ledkov. Harpoon equipped space tether system for space debris towing characterization. *Trudy MAI*, (90):21, 2016 [in Russian].

[12] J. Reed, J. Busquets, and C. White. Grappling system for capturing heavy space debris. In *2nd European Workshop on Active Debris Removal*, pages 18–19. Centre National d'Etudes Spatiales Paris, France, 2012.

[13] Riccardo Benvenuto, Samuele Salvi, and Michelle Lavagna. Dynamics analysis and GNC design of flexible systems for space debris active removal. *Acta Astronautica*, 110:247–265, 2015.

[14] I. Sharf, B. Thomsen, E.M. Botta, and Arun K. Misra. Experiments and simulation of a net closing mechanism for tether-net capture of space debris. *Acta Astronautica*, 139:332–343, 2017.

[15] Jerome Pearson, Eugene Levin, John Oldson, and Joseph Carroll. *Electrodynamic debris eliminator (EDDE): design, operation, and ground support*. 2010.

[16] Marco M. Castronuovo. Active space debris removal – a preliminary mission analysis and design. *Acta Astronautica*, 69(9-10):848–859, 2011.

[17] Hiroshi Ueno, Steven Dubowsky, Christopher Lee, Chi Zhu, Yoshiaki Ohkami, Shuichi Matsumoto, and Mitsushige Oda. Space robotic mission concepts for capturing stray objects. *The Journal of Space Technology and Science*, 18(2):2_1–2_8, 2002.

[18] L.T. DeLuca, F. Bernelli, F. Maggi, P. Tadini, C. Pardini, L. Anselmo, M. Grassi, D. Pavarin, A. Francesconi, and F. Branz. Active space debris removal by a hybrid propulsion module. *Acta Astronautica*, 91:20–33, 2013.

[19] Quan Wen, Liwei Yang, Shanghong Zhao, Yingwu Fang, and Yi Wang. Removing small scale space debris by using a hybrid ground and space based laser system. *Optik*, 141:105–113, 2017.

[20] S. Kitamura. Large space debris reorbiter using ion beam irradiation. *Paper presented at 61st International Astronautical Congress, Prague*, 2010.

[21] Claudio Bombardelli and Jesus Pelaez. Ion beam shepherd for contactless space debris removal. *Journal of Guidance, Control, and Dynamics*, 34(3):916–920, 2011.

[22] R.V. Akhmetzhanov, A.V. Bogatyy, V.G. Petukhov, G.A. Popov, and S.A. Khartov. Radio-frequency ion thruster application for the low-orbit small SC motion control. *Advances in the Astronautical Sciences*, 161:979–989, 2018.

[23] G.G. Raikunov, V.A. Komkov, V.M. Mel'nikov, and B.N. Kharlov. Centrifugal frameless large space structures. *Moscow, ANO "Fizmatlit" Publ*, 2009 [in Russian].

[24] Y. Tsuda, O. Mori, R. Funase, H. Sawada, T. Yamamoto, T. Saiki, T. Endo, and J. Kawaguchi. Flight status of IKAROS deep space solar sail demonstrator. *Acta Astronautica*, 69:833–840, 2011.

[25] *ISO 24113:2019 Space systems – Space debris mitigation requirements*, volume 3. Technical Committee: ISO/TC 20/SC 14 Space systems and operations, 2019.

[26] Anne Dorothy Marinan. *From CubeSats to constellations: systems design and performance analysis*. PhD thesis, Massachusetts Institute of Technology, 2013.

[27] V.G. Petukhov, W.S. Wook, and M.S. Konstantinov. Simultaneous optimization of the low-thrust trajectory and the main design parameters of the spacecraft. *Advances in the Astronautical Sciences*, 161:639–655, 2018.

[28] Brent William Barbee, Salvatore Alfano, Elfego Pinon, Kenn Gold, and David Gaylor. Design of spacecraft missions to remove multiple orbital debris objects. In *35th Annual AAS Guidance and Control Conference, Colorado*, pages 1–14. IEEE, 2012.

[29] Jing Yu, Xiao-qian Chen, and Li-hu Chen. Optimal planning of LEO active debris removal based on hybrid optimal control theory. *Advances in Space Research*, 55(11):2628–2640, 2015.

[30] Max Cerf. Multiple space debris collecting mission—debris selection and trajectory optimization. *Journal of Optimization Theory and Applications*, 156(3):761–796, 2013.

[31] A.A. Baranov, D.A. Grishko, V.V. Medvedevskikh, and V.V. Lapshin. Solution of the flyby problem for large space debris at sun-synchronous orbits. *Cosmic Research*, 54(3):229–236, 2016.

[32] Hironori Sahara. Evaluation of a satellite constellation for active debris removal. *Acta Astronautica*, 105(1):136–144, 2014.

[33] V. Braun, A. Lüpken, S. Flegel, J. Gelhaus, M. Möckel, C. Kebschull, C. Wiedemann, and P. Vörsmann. Active debris removal of multiple priority targets. *Advances in Space Research*, 51(9):1638–1648, 2013.

[34] P. Tadini, U. Tancredi, M. Grassi, L. Anselmo, C. Pardini, A. Francesconi, F. Branz, F. Maggi, M. Lavagna, and L.T. DeLuca. Active debris multi-removal mission concept based on hybrid propulsion. *Acta Astronautica*, 103:26–35, 2014.

[35] A.A. Baranov, D.A. Grishko, and Y.N. Razoumny. Large-size space debris flyby in low earth orbits. *Cosmic Research*, 55(5):361–370, 2017.

[36] A.A. Baranov, D.A. Grishko, Y.N. Razoumny, and L. Jun. Flyby of large-size space debris objects and their transition to the disposal orbits in LEO. *Advances in Space Research*, 59(12):3011–3022, 2017.

[37] K.T. Alfriend, D. Lee, and N.G. Creamer. Optimal servicing of geosynchronous satellites. *Journal of Guidance, Control, and Dynamics*, 29(1):203–206, 2006.

[38] Xiao-qian Chen and Jing Yu. Optimal mission planning of GEO on-orbit refueling in mixed strategy. *Acta Astronautica*, 133:63–72, 2017.

[39] K. Daneshjou, A.A. Mohammadi-Dehabadi, and Majid Bakhtiari. Mission planning for on-orbit servicing through multiple servicing satellites: a new approach. *Advances in Space Research*, 60(6):1148–1162, 2017.

[40] Yu Jing, Xiao-qian Chen, and Li-hu Chen. Biobjective planning of GEO debris removal mission with multiple servicing spacecrafts. *Acta Astronautica*, 105(1):311–320, 2014.

[41] Jing Yu, Xiao-qian Chen, Li-hu Chen, and Dong Hao. Optimal scheduling of GEO debris removing based on hybrid optimal control theory. *Acta Astronautica*, 93:400–409, 2014.

[42] A.A. Baranov, D.A. Grishko, O.I. Khukhrina, and Danhe Chen. Optimal transfer schemes between space debris objects in geostationary orbit. *Acta Astronautica*, 169:23–31, 2020.

[43] V. Zelentsov, G. Shcheglov, V. Mayorova, and T. Biushkina. Spacecrafts service operations as a solution for space debris problem. *International Journal of Mechanical Engineering and Technology*, 9:1503–1518, 2018.

[44] Deutsches Zentrum fur Luft– und Raumfahrt. "ROTEX (1988–1993), Robot Technology Experiment on Spacelab D2-Mission", Closed Space Robotics Missions, DLR Institute of Robotics and Mechatronics (accessed December 2019). http://www.dlr.de/rm/en/desktopdefault.aspx/tabid3827/5969_read8744/.

[45] B. Brunner, G. Hirzinger, K. Landzettel, and J. Heindl. Multisensory shared autonomy and tele-sensor-programming – Key issues in the space robot technology experiment ROTEX. In *Proceedings of 1993 IEEE/RSJ International Conference on Intelligent Robots and Systems (IROS '93)*, volume 3, pages 2123–2139, 1993.

[46] Deutsches Zentrum fur Luft– und Raumfahrt. "the ESS (Experimental Servicing Satellite)", Closed Space Robotics Missions, DLR Institute of Robotics and Mechatronics (accessed December 2019). https://www.dlr.de/rm/en/desktopdefault.aspx/tabid-3827/5969_read-8750/.

[47] M.H. Kaplan. Space debris realities and removal. In *SOSTC Improving Space Operations Workshop Spacecraft Collision Avoidance and Co–location. The Johns Hopkins University, Applied Physics Laboratory*, 2010.

[48] J. Starke. ROGER a potential orbital space debris removal system. In *Paper presented at 38 COSPAR Scientific Assembly*, 2010.

[49] European Space Agency. "Automation & Robotics" (accessed December 2019). http://www.esa.int/Enabling_Support/Space_Engineering_Technology/Automation_and_Robotics/Automation_Robotics.

[50] Thomas Debus and Sean Dougherty. Overview and performance of the front-end robotics enabling near-term demonstration (FREND) robotic arm. In *AIAA Infotech@Aerospace Conference*, 2009.

[51] B. E. Kelm, J. A. Angielski, S. T. Butcher, N. G. Creamer, K. A. Harris, C. G. Henshaw, J. A. Lennon, W. E. Purdy, F. A. Tasker, and W. S. Vincent. FREND: pushing the envelope of space robotics. Technical report, Naval Research Lab Washington DC, 2008.

[52] NASA Satellite Servicing Projects Division. The robotic servicing arm. https://sspd.gsfc.nasa.gov/robotic_servicing_arm.html.

[53] National Aeronautics and Space Administration. "Satellite Servicing Projects Division (SSPD)" (accessed December 2019). "https://sspd.gsfc.nasa.gov/".

[54] National Aeronautics and Goddard Space Flight Center Space Administration. "On-Orbit Satellite Servicing Study", Project Report, October 2010. https://sspd.gsfc.nasa.gov/images/nasa_satellite%20servicing_project_report_0511.pdf.

[55] National Aeronautics and Space Administration. "Restore-L Proving Satellite Servicing". https://www.nasa.gov/sites/default/files/atoms/files/restore_l_factsheet_092717.pdf, 2016.

[56] G. Roesler. "Robotic Servicing of Geosynchronous Satellites (RSGS) Program Overview", DARPA. http://images.spaceref.com/fiso/2016/061516_roesler_darpa/Roesler_6-15-16.pdf, 2016.

[57] SSL corporation. "Space Infrastructure Services" (accessed December 2019). http://spaceinfrastructureservices.com.

[58] B. L. Benedict. Rationale for need of in-orbit servicing capabilities for GEO spacecraft. In *AIAA SPACE 2013 Conference and Exposition*, page 5444, 2013.

[59] Intelsat General Corporation. "Intelsat Media Backgrounder on Satellite Refueling & Service". https://www.intelsatgeneral.com/wpcontent/uploads/files/Intelsat%20Media%20Backgrounder%20on%20Refueling.pdf, 2019.

[60] MDA corporation. https://mdacorporation.com, 2018.

[61] Shin-Ichiro Nishida and Naohiko Kikuchi. A scenario and technologies for space debris removal. In *12th International Symposium on Artificial Intelligence, Robotics and Automation in Space, i-SAIRAS*, volume 14, 2014.

[62] Les Johnson, Mark Whorton, Andy Heaton, Robin Pinson, Greg Laue, and Charles Adams. Nanosail-D: A solar sail demonstration mission. *Acta Astronautica*, 68(5-6):571–575, 2011.

[63] Andrew F. Heaton, Brent F. Faller, and Chelsea K. Katan. Nanosail-D orbital and attitude dynamics. In *Advances in Solar Sailing*, pages 95–113. Springer, 2014.

[64] Chris Biddy and Tomas Svitek. LightSail-1 solar sail design and qualification. In *Proceedings of the 41st Aerospace Mechanisms Symposium*, pages 451–463. Jet Propulsion Lab., National Aeronautics and Space Administration. Pasadena, CA, 2012.

[65] S. Stirone. Lightsail-2 Unfurls, Next Step Toward Space Travel by Solar Sail – deployed LightSail 2, aiming to further demonstrate the potential of the technology for space propulsion. https://www.nytimes.com/2019/07/23/science/lightsail-solar-sail.html, July 2019.

[66] V. Lappas, N. Adeli, L. Visagie, J. Fernandez, T. Theodorou, W. Steyn, and M. Perren. CubeSail: A low cost CubeSat based solar sail demonstration mission. *Advances in Space Research*, 48(11):1890–1901, 2011.

第 5 章 基于商用现货技术的空间碎片减缓

Shinichi Kimura

令人担忧的是,由于空间碎片在碰撞中自我再生,其数量正在持续增加。因此,我们需要建立碎片主动清除(ADR)技术,以清除现有空间碎片,确保低地球轨道的可持续利用。捕获和交会过程是碎片主动清除中最重要、最困难的过程。此外,碎片主动清除系统的高成本是阻碍其实施的主要因素。本章将讨论低成本的智能制导和导航系统,该系统将有助于可靠地减缓空间碎片问题。

5.1 引言

随着空间开发逐渐火热,与空间碎片相关的问题也日益严重[1-2]。有人担心,由于碰撞导致自我再生,空间碎片的数量会不断增加,这就是常说的"凯斯勒综合征"。因此,我们必须控制未来新空间碎片的产生,同时还必须建立清除现有空间碎片的减缓技术,以确保低地球轨道的可持续利用。碎片清除技术统称为碎片主动清除技术。

使用空间机器人清除空间碎片的概念是在轨卫星服务概念的一部分,如欧洲航天局提出的地球静止轨道服务运载器,通过给地球静止轨道卫星维修和加注来有效地利用轨道[3]。轨道维护系统(OMS)的概念是清除废弃和/或失效的卫星,以保持轨道的干净[4-5](图 5.1)。这个想法包括一个称为"OMS Lights"的概念,这是一个有效利用小型卫星的逐步演示。通过逐步演示,我们可以降低开发在轨服务技术和预计将产生应用的演示技术的成本(图 5.2)。为实现在轨卫星的维护,需要改进各种技术。由于这些技术在空间开发中的重要作用,预计空间开发成本将会有所降低。在 21 世纪初,Kimura 提出了一个名为 SmartSat-1 的技术演示任务,该技术可以与非合作目标交会并绕其飞行[6-10]。这个概念包含支持交会和捕获的小型设备,称为救援包。它类似于 Astroscale 的卫星寿命末期支持概念[11-14]。

第5章 基于商用现货技术的空间碎片减缓

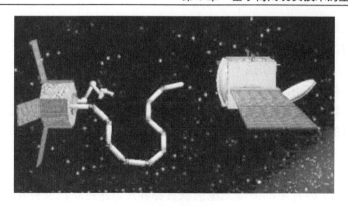

图 5.1 轨道维护系统的概念

轨道维护系统服务

(a) 检查服务

(b) 脱轨服务

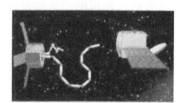
(c) 修复和加油服务

轨道维护系统Lights概念

(d) 轨道维护系统Lights检查

(e) 轨道维护系统Lights转轨器

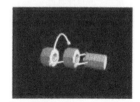
(f) 轨道维护系统Lights修复器

图 5.2 利用小卫星逐步演示轨道维护系统技术的概念

然而，SmartSat-1 未能获得飞行机会，部分原因是空间碎片态势感知技术还不成熟，以及如何为减缓空间碎片支付费用仍是个问题。空间碎片问题被认为是一个公共性非常高的问题。因此，为减缓空间碎片提供资金缺乏充足动力。为了实现空间碎片减缓，我们既需要提高公众感知，也需要大幅降低开发成本。空间碎片被认为是空间开发的工业废弃物，因为只有少数组织能够负担得起巨大的清除成本。

现在正在出现许多减缓空间碎片的活动，如 Astroscale[11-14]和川崎重工有限公司（KHI）[15-16]等私营公司的活动。此外，洛桑联邦理工学院（EPFL）航天中心（eSpace）的"清洁空间1号"（CleanSpace One）项目是空间碎片减缓方面的一个独特方法[17]。这些活动表明了空间碎片减缓的重要性。

即使是这样的活动,降低成本也是非常重要的。从某种意义上说,成本是至关重要的,因为空间碎片清除是由私营公司推动的。降低空间系统成本的最重要因素之一是利用地面技术,特别是商用现货。由于空间设备的市场仍然比地面设备小得多,所以空间设备非常昂贵,而且它们的功能有限。虽然空间环境与地面环境不同,但这些设备可以通过模拟实验来验证。如果我们能够利用适当认证过的成品设备,就可以开发出功能强、成本低的空间设备。

如图 5.3 所示,典型的碎片主动清除过程包括以下几个步骤。首先,碎片主动清除卫星被发射到目标碎片附近的轨道上,碎片主动清除卫星逐渐接近目标碎片。其次,碎片主动清除卫星捕获目标碎片,并将离轨设备安装到碎片上。最后,目标碎片由离轨设备拖离轨道。捕获和交会过程是碎片主动清除中最重要、最困难的过程。这些过程至关重要,因为与目标的意外碰撞不仅可能导致任务失败,还可能产生额外的空间碎片。

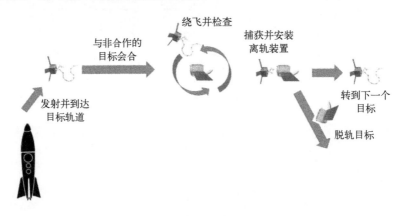

图 5.3 碎片主动清除的步骤

利用轨道信息可以粗略控制碎片主动清除卫星的轨道,但碎片主动清除卫星需要精确识别目标碎片轨道,以实现与目标碎片的精确、安全交会。由于轨道信息具有不确定性,交会过程可以部分地通过地面遥控并提供支持,但受到碎片主动清除卫星与地面站之间的通信链路限制,需要碎片主动清除卫星自主完成交会过程。在通常开展碎片主动清除的低地球轨道上,每个地面站只有 10min 的通信路径,而且每天只有 5 条或 6 条路径可用。在轨道上,碎片主动清除卫星还需要适应各种情况,并能够安全运行。为了自主、安全、可靠地接近目标碎片,碎片主动清除卫星需要具有寻找目标碎片的"眼睛"和自主控制交会过程的"大脑"[4-10,18-21]。

碎片主动清除卫星接近目标后,需要利用空间机器人捕获目标碎片,并在目标碎片上执行安装离轨设备等操作。碎片主动清除机器人捕获自由飞行状态下的目标碎片是非常困难的,因为意外的接触会产生意想不到的运动。因此,机器人需要推导出到达目标所需的相对运动,并通过简单的动作安全地捕获目标。此外,通信时间的延迟,很难直接地遥控操作这个过程。因此,我们需要高度智能的机械手来捕获目标碎片。

空间碎片减缓受到强大成本压力的影响。因此,需要高性能的"手""眼睛"和"大脑",以极低的成本进行空间碎片减缓。在本章的剩余部分,我们将阐述几项空间碎片减缓关键技术开发方面的成就,并讨论碎片主动清除面临的其他挑战。

5.2 与目标碎片交会时的制导和导航技术

如图 5.4 所示,碎片主动清除卫星接近目标碎片的过程可分为三个阶段[4-10,18-21]。首先,碎片主动清除卫星被发射到与目标碎片相同的轨道上。其次,根据雷达网络估计的轨道信息,碎片主动清除卫星通过地面站发出的命令接近目标碎片。这个过程称为远距离阶段。由于轨道估计的不确定范围为几千米,在远距阶段结束时,碎片主动清除卫星可能离目标碎片几千米远。在这样的距离下,碎片主动清除卫星获取目标碎片的视觉图像时,只能识别为一个光点。在这个距离上不能使用雷达这样的主动传感器来识别目标碎片,因为它们将消耗大量的能量。

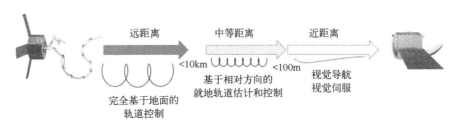

图 5.4 交会过程

当碎片主动清除卫星距离目标碎片只有几十米时,它可以将目标碎片识别为看得出形状的物体,并利用目标碎片视觉图像的特征跟踪技术识别其运动。在这种距离上,也可以使用雷达等主动传感器。该阶段称为近距离阶段或最后接近阶段。在该阶段,也可以使用如视觉伺服或基于特征的目标识别等机器人视觉技术。

在远距离阶段和近距离阶段之间,最困难和最重要的阶段是与距离目标碎片从几千米到几十米相对应的阶段。该阶段称为中距离阶段。在这一阶段,由于成本高、质量大和能耗大而无法使用有源传感器,这些都是低成本碎片主动清除卫星开发的重大障碍。我们发现，利用视觉图像的轨道估计技术在克服这些障碍和实现与目标碎片完整交会机动方面具有一定的价值。利用该估计技术，可以根据碎片主动清除卫星轨道估计目标碎片轨道，根据视觉图像确定目标方向序列。

基于上述考虑，我们重点研究了在空间碎片减缓的制导和导航系统中应用的低成本智能空间相机开发。低成本智能空间相机具有以下优点：

（1）利用从视觉图像中获取的方向信息进行轨道估计，可以实现中距离阶段的交会。

（2）在与空间碎片交会等关键操作中，视觉信息不仅是实现安全可靠操作的必要条件，也是了解航天器运行情况的必要条件。

（3）与主动传感器相比，智能相机的成本、重量、尺寸和能源需求都相对较低。

捕获目标碎片需要精确的位置和方向信息。因此，碎片主动清除卫星需要具备足够的智能来获取所需的信息，并能够自主控制其接近策略。此外，碎片主动清除航天器可能遇到复杂的情况，因此其图像和信息处理能力需要高度灵活。然而，由于碎片主动清除航天器涉及在空间系统中承载高度复杂的功能，所以它们面临着巨大的成本压力。保持低成本的要求不仅影响航天器本身的开发成本，而且还影响与尺寸、重量和功率有关的各种资源成本。因此，我们需要在严格的成本和资源限制下，建立高度智能和灵活的制导与导航相机系统。

5.3 用于智能空间相机的商用现货技术

由于成本高、性能差等问题，我们很难利用空间专用设备为空间碎片减缓活动开发低成本智能空间相机。开发高性能、低成本制导和导航系统的关键是有效地利用商用现成设备。为了在空间利用商用现货技术（COTS）设备，需要了解地面利用和轨道利用之间的主要区别。当我们理解了这一差异并应用适当的认证程序后，轨道利用的实施就不那么具有挑战性了。地面利用和轨道利用的主要区别可用一句话概述：如果认真考虑以下两个方面，商用现货技术设备可以在地球轨道上使用。

5.3.1 热真空条件

空间中没有大气。在地球上，空气对于清除电子器件产生的热量至关重要。然而，在空间中，这种热量是通过电路板传导或辐射排出的。地球轨道上的温度变化很大。静态热控制和热条件的动态变化会影响用于热传导的电路板焊接。因此，电路板和其他相关器件需要在热真空条件下进行测试。关于焊接，在真空中另一种现象也容易产生问题。如果在发射到空间的电路板使用无铅焊料，焊料上就会出现可称为"触须"的针状凸起物。不过对于轨道上的使用，这种类型的焊接仍是首选[21]。

除了静态的热真空条件，在某些情况下，我们还需要解决热冲击问题。当航天器经历夜间条件后突然经历白天条件，温度会骤然变化。热冲击试验设施可以有效地量化热冲击效应（图 5.5）。这种设施包括加热室和冷却室两个室，在两个室之间装有一个小电梯。当电梯迅速将器件从一个室移动到另一个室时，会引起温度的骤然变化。除了测量热冲击的阻力，热冲击试验设施还可用于老化加速试验。

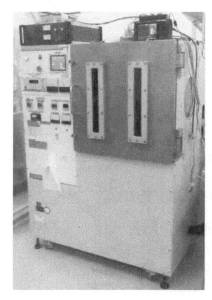

图 5.5　热真空和热冲击试验设施

5.3.2　辐射条件

地球的大气层保护我们不受太阳的辐射，但太阳的辐射和粒子会影响空间中的电子器件。这种辐射效应是地球环境和轨道环境的主要区别，可分为电离总剂量（TID）和单粒子效应（SEE）两类。电离总剂量是由于暴露于大量辐射而导致器件的不可逆退化。这种影响在很大程度上取决于器件的材料和制造工艺，并表明了器件可能的在轨寿命。电离总剂量可以通过伽马射线试验来测量。采用电离总剂量对器件进行验证和筛选，是使器件免遭有害辐射的有效防护措施[19-24]。

单粒子效应是由辐射粒子引起的概率效应。它可以导致单粒子反转（SEU），以及逻辑器件和存储器的位翻转。单粒子反转效应是以粒子辐射试验所测得的特性为基础的。如果有必要，可以采用基于软件的对抗措施，如安装错误纠正代码，以预防单粒子反转。在简单应用中还可以通过对中央处理器（CPU）进行简单的间歇性复位来预防单粒子反转。单粒子效应还可能导致单粒子锁定（SEL），这将导致短暂的过电流状态。一般情况下，单粒子锁定可以通过相关设备的快速电源复位来解决。

可以利用模拟轨道超真空条件的超真空室和模拟辐射条件的辐射设施等试验设施来模拟空间环境（图5.6）。可以通过这种模拟在地面上进行天基结构的性能测试。

(a) 东京工业大学先进核能实验室的钴60试验设施　　(b) 日本国立量子与辐射科学技术研究所量子医学局的回旋加速器试验设施

图 5.6　辐射试验设施

软件技术也可以用来克服空间环境的影响。例如，为了解决单粒子反转的位翻转效应，可以将纠错技术用于存储器件。同样，如果对电源线中的电流进行监视，一旦检测到过电流，就重置器件，则可以减轻单粒子锁定的影响。诸如此类的措施使商用现货技术器件能够在轨道上使用。

5.4　利用商用现货技术进行空间碎片清除的视觉制导和导航系统

我们需要开发智能机器人"眼睛"和"大脑"，以非常低的成本将碎片主动清除卫星导航到目标碎片附近。为了克服所涉及的困难，我们开发了一种用于空间碎片减缓的紧凑型智能制导和导航相机系统[21-28]（图 5.7）。该相机系统的关键在于：①有效地认证和利用商用现货技术；②有效地利用现场可编程门阵列（FPGA）技术进行首次图像处理；③使用 Linux 操作系统的灵活软件实现。该系统中使用的图像处理单元已经在各种空间任务中得到验证，如"伊卡洛斯飞行器"（IKAROS）、"隼鸟"-2（Hayabusa-2 和"鹳号集成系绳实验"（KITE）[20,29-31]。

在 Astroscale 和川崎重工有限公司在轨任务的制导和导航中计划利用与演示相机系统。

本节将介绍为可靠地减缓空间碎片而设计的低成本智能制导和导航系统。

图 5.7　制导导航相机系统

5.4.1　系统架构

制导和导航相机系统由摄像头单元和处理单元组成。这些单元使用高速串行接口互联。通过将紧凑的摄像头单元与处理单元分离，我们可以轻松地放置摄像头单元，以避免与其他设备发生机械或视场（FoV）冲突。一个处理单元最多可以支持两个摄像头单元，我们可以为每个摄像头单元的镜头选择几个视场选项。一个方法是，我们可以通过使用相同视场镜头的两个相机获得立体图像；另一个方法是，我们可以以类似于俯瞰摄像机（KITE-CAM）的方式利用宽镜头和窄镜头套件。宽视场相机可有效搜索和发现目标碎片，窄视场相机可获得目标碎片的精确高分辨率信息。处理单元由现场可编程门阵列板和接口板组成，接口板将现场可编程门阵列板和摄像头单元连接在一起。如图 5.7 所示，相机系统可以组装为印刷电路板结构和组件结构。因此，它可以作为组件的一部分实现，以最小化其尺寸和重量要求。

5.4.2　电力系统

如上所述，相机系统有两个摄像头系统，并使用接口（IF）板通过处理系统来控制这些系统。通过使用高速串行器和解串器减少了线路。接口板通过总线开关在两个摄像头系统之间切换。图 5.8 显示了系统的示意图。这种结构已经在空间综合系绳实验任务中得到了验证。

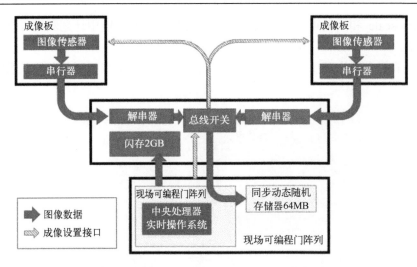

图 5.8 同步动态随机存储器（SDRAM）系统示意图

关于摄像头的图像传感器，根据要求，在分辨率、频率和辐射耐受性方面有几个选项。OV9630 具有 100 万像素的中等分辨率，具有很高的抗辐射能力和可靠性，已用于多项空间任务。最高分辨率的型号能够生成 500 万像素的图像，其抗辐射性能满足要求，将用于 Astroscale 任务。还有一种高灵敏度、高频率型号作为这些摄像头的替代选择。

图 5.9 展示了现场可编程门阵列板，其中安装了 Xilinx FPGA Virtex 2 Pro 作为主处理器。该电路板包括一个处理器和一个存储单元，它们已经在各种空间任务中得到验证，包括"伊卡洛斯"飞行器、"隼鸟"-2 和"鹳号集成系绳实验"。该现场可编程门阵列电路板可与接口板以 5mm 堆叠方式连接。

图 5.9 现场可编程门阵列板

在许多情况下，视觉制导和导航系统需要提供原始图像数据，以验证图像处理功能。在实时图像处理过程中，该相机系统使用 2GB 的 NAND 闪存来存

第5章 基于商用现货技术的空间碎片减缓

储原始图像，然后可以根据命令下载存储的图像。

5.4.3 用于图像预处理和接口的现场可编程门阵列

在制导和导航应用中，为了目标识别和/或跟踪等目的，在适当的时间间隔内维持实时处理非常重要。为了加快图像处理功能，相机系统可以利用现场可编程门阵列的预处理功能。处理单元采用现场可编程门阵列进行图像采集，这意味着预处理功能可以包含在图像采集过程中。在图像采集过程中，我们实现了一个映射函数，用于远距离识别目标的位置，但预处理功能可以根据应用情况进行修改。

由于中央处理器总线结构是在现场可编程门阵列中实现的，中央处理器的接口功能也可以定制，如根据应用增加接口通道等。利用接口功能的可定制性，能够成功实现与发射机连接。该接口可以将采集的图像直接传送到地面。这种能力对监测任务进程非常有用。

5.4.4 软件实现和开发环境

图像处理器采用 Linux（内核 2.4）操作系统。Linux 非常灵活，可以利用各种免费的开源应用程序，使得缩短开发周期成为可能。另外，将内存管理单元与 Linux 结合使用，两者都安装在中央处理器中，可以实现有力的内存保护，防止重要数据突然被破坏。

5.4.5 空间机器人方面取得的成就

我们在空间机器人的在轨硬件技术方面有相当丰富的经验。一些机械臂已经在国际空间站上运行，不仅用于日本实验舱机器人实验（REXJ）等任务（图 5.10），还用作基础设施部件，如空间站遥控机械臂系统（SSRMS）和日本实验模块遥控机械臂系统（JEMRMS）。日本自从在航天飞机上进行了"机械臂飞行演示"的第一次空间机器人实验以来，已经开发了一些机械臂，并利用它们开展了在轨操作（图 5.11）[32]。

图 5.10 日本实验舱机器人实验任务

图 5.11　机械臂飞行演示

1998 年，日本成功发射了世界上第一颗空间机器人卫星——"工程试验卫星"Ⅶ（ETS-Ⅶ，如图 5.12 所示），并在无人在轨的情况下操作了空间机器人[33-36]。这些任务证实，共享智能技术，如柔顺控制技术，在补偿远程无人情况的不确定性方面非常有效。此外，包括多模态接口在内的一些新的遥操作技术，已被证明可以在关键操作条件下安全地操作。ETS-Ⅶ 成功开展了世界上首次无人捕获和停泊实验。因此，人们已成功证明了一些对空间碎片减缓至关重要的技术。

图 5.12　"工程试验卫星"Ⅶ（ETS-Ⅶ）

尽管已经克服了一些技术障碍，但在成功实施用于空间碎片减缓的碎片主动清除卫星方面，至少还有两点尚待解决。一是如何捕获一个非合作目标。空间碎片在设计之初没有考虑捕获问题。因此，没有像固定装置或把手这样的捕获点。要捕获一个没有捕获设计的目标是非常困难的。多个研究小组已经开展了一些试验来解决这个问题。他们的方法包括使用捕获推进器喷嘴[15]、飞网或鱼叉[37]。然而，目前还没有找到一种万无一失的方法来安全、可靠地捕获空间碎片。Astroscale 公司为未来的卫星报废处理安装有效接触点的想法是新颖而有效的，但我们需要知道如何捕获当前的空间碎片[11-14]。二是机械臂的成本。机械臂用于空间碎片清除仍然过于昂贵。设计精度高和可靠性高的机械系统是昂贵的。采用与制导导航系统类似的方式，通过考虑优化功能和利用商用现货技术，可以降低机械臂的成本。为优化空间碎片的捕获，这两点仍有待解决，因此，我们需要寻求更有效地实现碎片主动清除的方法。

为了缓解使用故障自适应概念控制成本和提高可靠性的压力，我们正在研究自主适应部分故障的分散模块型机器人系统[38-40]（图5.13）。使用上述系统，可以像模块化机器人一样构造机械臂，即使有一些模块可能会失效，机械臂也可以执行它们的任务。基于这一概念，可以降低机械臂的可靠性要求，从而降低机器人机械臂的成本。

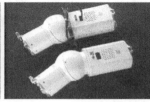

图 5.13 模块型机械臂

5.5 本章小结

为了解决空间碎片问题并维持可持续和安全的地球轨道，重要的是通过主动清除现有碎片来减少未来空间碎片的产生，因为前者可能引发更多的碰撞和解体。需要通过改进空间碎片就地识别、交会导航、机器人等多种技术来主动清除空间碎片。同时，尽管需要增加空间碎片清除的自主性和性能，但我们需要将实施这些技术所产生的成本维持在较低的水平。本章讨论了协调技术要求和减轻实现压力的一些想法。然而，人们认为这些可能还不够，因为所需要的技术非常广泛。因此，我们应鼓励研究人员和工程师，特别是年轻一代，研究主动清除碎片的技术。可持续和安全的地球轨道在一定程度上依赖于旨在缓解这些技术问题的宏伟而独特的想法。

缩略语

ADR　　Active Debris Removal　　碎片主动清除
COTS　　Commerical off-the-Shelf　　商用现货技术
CPU　　Central Processing Unit　　中央处理器

eSpace　EPFL Space Center　洛桑联邦理工学院航天中心
ETS-Ⅶ　Engineering Test Satellite Ⅶ　工程试验卫星Ⅶ
EPFL　École Polytechnique fédérale de Lausanne　洛桑联邦理工学院
FPGA　Field-Programmable Gate Array　现场可编程门阵列
FOV　Field-Of-View　视场
IF　Inter Face　接口
IKAROS　Interplanetary Kite-craft Accelerated by Radiation of the Sun　伊卡洛斯飞行器
JEMRMS　JEM Remote Manipulator System　日本实验模块遥控机械臂系统
KITE　Kounotori Integrated Tether Experiments　鹳号集成系绳实验
KHI　Kawasaki Heavy Industries，Ltd.　川崎重工有限公司
OMS　Orbital Maintenance System　轨道维护系统
OS　Operating System　操作系统
REXJ　Robot Experiment on JEM　基于JEM的机器人实验
SEE　Single-Event Effect　单粒子效应
SEL　Single-Event Latch-up　单粒子锁定
SEU　Single-Event Upsets　单粒子反转
SSRMS　Space Station Remote Mainpulator System　空间站遥控机械臂系统
TID　Total Ionizing Dose　电离总剂量

词汇表

主动清除碎片：主动离轨和清除轨道碎片的服务或系统。
商业现货：现成的、可向普通大众销售的产品。
电离总剂量：由于暴露于大量辐射而造成设备的不可逆退化。
单粒子效应：受辐射粒子引起的概率效应。
单粒子反转：引起逻辑器件和存储器位反转的单粒子效应。
单事件锁存：导致临时过电流状态的单粒子效应。
现场可编程门阵列：由客户或设计者在制造后进行配置的集成电路。

延伸阅读

Kimura S., Asakura Y., Doi H. and Nakamura M. (2017). *Document-based Programming System for Seamless Linking of Satellite Onboard Software and Ground Operating System*. Journal of Robotics and Mechatronics, 29(5), pp. 801-807.

Narumi T., Tsukamoto D. and Kimura S. (2016). *Robust on-orbit optical position determination of non-cooperative spacecraft.* In 26th AAS/AIAA Space Flight Mechanics Meeting, 2016 (pp. 3251-3263).

Kimura S., Narumi T., Aoyanagi Y., and Nakasuka S., (2015). *Optical Space Equipments Using Commercial Off-the-Shelf Devices.* Optical Payloads for Space Missions (Shen-En Qian Ed. John Wiley & Sons ISBN: 978-1-118-94514-8).

Kobayashi S., Takisawa J., Nakasuka S., and Kimura S. (2014). *Software Development Framework for Small Satellite On-board Computers* ransactions of the Japan Society for Aeronautical and Space Sciences, Aerospace Technology Japan. 12(ists29), Tf_1-Tf_6

Kimura S., Takeuchi M., Harima K., Fukase Y., Sato H., Yoshida T., Miyasaka A., Noda H., Sunakawa K., and Homma M. (2004). *Visual Analysis in a Deployable Antenna Experiment.* IEEE Transactions on Aerospace and Electronic Systems, 40(1), pp. 247-258.

Kimura S., Tsuchiya S., Takegai T., and Nishida S., (2001). *Fault Adaptive Kinematic Control Using Multiprocessor System and its Verification Using a Hyper-Redundant Manipulator.* Journal of Robotics and Mechatronics, 13(5), pp. 540-547.

Kimura S., Tsuchiya S., Nagai Y., Nakamura K., Satoh K., Morikawa H., and Takanashi N., (2000). *Teleoperation Techniques for Assembling an Antenna by Using Space Robots - Experiments on Engineering Test Satellite VII.* Journal of Robotics and Mechatronics, 12(4), pp. 394-401.

Kimura S., Yano M., and Shimizu H., (1994). *A Self-Organizing Model of Walking Patterns of Insect. II. The Loading Effect and Leg Amputation.* Biological Cybernetics, 70(6), pp. 505-512.

Kimura S., Yano M., and Shimizu H., (1993). *A Self-Organizing Model of Walking Patterns of Insects.* Biological Cybernetics, 69(3), pp. 183-193.

参考文献

[1] E.L. Christiansen, D.M. Lear, and J.L. Hyde. Recent impact damage observed on international space station. *Orbital Debris Quarterly News*, 18(4):3–4, 2014.

[2] J.C. Liou. An update on leo environment remediation with active debris removal. *The NASA Orbital Debris Program Office, Quarterly News*, 15(2):4–6, 2011.

[3] G. Visentin and D.L. Brown. Robotics for geostationary satellite servicing. *Robotics and Autonomous Systems*, 23(1-2):45–51, 1998.

[4] S. Kimura, S. Tsuchiya, K. Araki, Y. Suzuki, and R. Suzuki. OMS for NeLS a concept for a robot-assisted service for removing satellites from a LEO con-

stellation. In *International Astronautical Federation-51st International Astronautical Congress 2000 (IAC 2000), Rio de Janeiro, Brazil, IAA-00-IAA.6.6.02*, 2000.

[5] S. Kimura, H. Mineno, H. Yamamoto, Y. Nagai, H. Kamimura, S. Kawamoto, F. Terui, S. Nishida, S. Nakasuka, and S. Ukawa. Preliminary experiments on technologies for satellite orbital maintenance using Micro-LabSat 1. *Advanced Robotics*, 18(2):117–138, 2004.

[6] S. Kimura, H. Mineno, H. Yamamoto, Y. Nagai, H. Kamimura, S. Kawamoto, F. Terui, S. Nishida, S. Nakasuka, and S. Ukawa. Preliminary experiments on image processing for satellite orbital maintenance. In *Proceedings of the 7th International Symposium on Artificial Intelligence, Robotics and Automation in Space (i-SAIRAS 2003), Nara, Japan, AS02*, 2003.

[7] S. Kimura, Y. Nagai, H. Yamamoto, T. Kashitani, K. Masuda, and N. Abe. Experimental concept on technologies for in-orbit maintenance using a small twin-sat. In *International Astronautical Federation-55th International Astronautical Congress 2004 (IAC 2004), Vancouver, Canada, IAC-04-U.4.05*, 2004.

[8] S. Kimura, N. Nishinaga, M. Akioka, N. Abe, K. Masuda, and S. Nakamura. SmartSat-1: On orbit experiment plan using mini-satellite. In *Workshop for Space, Aeronautical and Navigational Electronics 2005 (WSANE2005), Daejeon, Korea*, pages 137–142, 2005.

[9] S. Kimura, Y. Nagai, H. Yamamoto, H. Kozawa, S. Sugimoto, S. Nakamura, K. Masuda, and N. Abe. Rendezvous experiments on SmartSat-1. In *2nd IEEE International Conference on Space Mission Challenges for Information Technology (SMC-IT'06)*, pages 374–379. IEEE, 2006.

[10] S. Kimura, Y. Nagai, H. Yamamoto, H. Kozawa, S. Sugimoto, K. Masuda, and N. Abe. Possibility of small satellite in on-orbit servicing. In *25th International Symposium on Space Technology and Science Ishikawa, Japan*, pages 1618–1623, 2006.

[11] M. Okada, A. Okamoto, K. Fujimoto, and M. Ito. Maximizing post mission disposal of mega constellations satellites reaching end of operational lifetime. In *ESA 7th European Conference on Space Debris, ESOC, Germany*, 2017.

[12] C. Blackerby, A. Okamoto, Y. Kobayashi, K. Fujimoto, Y. Seto, S. Fujita, T. Iwai, N. Okada, J. Forshaw, and J. Auburn. The ELSA-d end-of-life debris removal mission: Preparing for launch. In *70th International Astronautical Congress, Washington DC, US, IAC-19,A6,5,2*, 2019.

[13] C. Weeden, C. Blackerby, N. Okada, E. Yamamoto, J. Forshaw, and J. Auburn. Authorization and continuous supervision of Astroscale's de-orbit activities: A review of the regulatory environment for end of life (EOL) and active debris removal (ADR) services. In *70th International Astronautical Congress, Washington DC, US, IAC-19.A6.8*, 2019.

[14] C. Weeden, C. Blackerby, N. Okada, E. Yamamoto, J. Forshaw, and J. Auburn.

Industry implementation of the long-term sustainability guidelines: An Astroscale perspective. In *70th International Astronautical Congress, Washington DC, US, IAC-19,E3,4,4*, 2019.

[15] K. Shibasaki, N. Kubota, M. Enomoto, S. Kawamoto, Y. Ohkawa, J. Aoyama, and Y. Katayama. Conceptual study of mechanical and sensing system for debris capturing for PAF. In *30th International Symposium on Space Technology and Science, Kobe, Japan, 2015-k-42*, 2015.

[16] H. Nakamoto, T. Maruyama, and Y. Sugawara. In-orbit demonstration of vision-based navigation and capturing mechanism for active debris removal by microsat "DRUMS". In *32nd International Symposium on Space Technology and Science, Fukui, Japan, 2019-r-24*, 2019.

[17] EPFL Space Center. CleanSpace One. https://www.epfl.ch/research/domains/epfl-space-center/spaceresearch/cleanspaceone_1/, 2019.

[18] S. Kawamoto, Y. Ohkawa, H. Nalanishi, Y. Katayama, H. Kamimura, and S. Kitamura. Active debris removal by a small satellite. In *63rd International Astronautical Congress, Naples, Italy, IAC-12- A6.7.8*, 2012.

[19] T. Kasai, D. Tsuijita, T. Uchiyama, M. Harada, S. Kawamoto, Y. Ohkawa, and K. Inoue. Feasibility study of electrodynamic tether technology demonstration on H-II transfer vehicle. In *6th IAASS International Space Safety Conference, Montreal, Canada*, 2013.

[20] S. Kimura, Y. Horikawa, and Y. Katayama. Quick report on on-board demonstration experiment for autonomous-visual-guidance camera system for space debris removal. *Transactions of the Japan Society for Aeronautical and Space Sciences, Aerospace Technology Japan*, 16(6):561–565, 2018.

[21] S. Kimura and A. Miyasaka. Qualification tests of micro-camera modules for space applications. *Transactions of the Japan Society for Aeronautical and Space Sciences, Aerospace Technology Japan*, 9:15–20, 2011.

[22] J. L: Barth, C.S. Dyer, and E.G. Stassinopoulos. Space, atmospheric, and terrestrial radiation environments. *IEEE Transactions on Nuclear Science*, 50(3):466–482, 2003.

[23] P.E. Dodd and L.W. Massengill. Basic mechanisms and modeling of single-event upset in digital microelectronics. *IEEE Transactions on Nuclear Science*, 50(3):583–601, 2003.

[24] A. Campbell, S. Buchner, E. Petersen, B. Blake, J. Mazur, and C. Dyer. SEU measurements and predictions on MPTB for a large energetic solar particle event. *IEEE Transactions on Nuclear Science*, 49(3):1340–1344, 2002.

[25] D. Falguere, D. Boscher, T. Nuns, S. Duzellier, S. Bourdarie, R. Ecoffet, S. Barde, J. Cueto, C. Alonzo, and C. Hoffman. In-flight observations of the radiation environment and its effects on devices in the SAC-C polar orbit. *IEEE Transactions on Nuclear Science*, 49(6):2782–2787, 2002.

[26] T. Goka, H. Matsumpoto, H. Koshiishi, H. Liu, Y. Kimoto, S. Matsuda, M. Imaizumi, S. Kawakita, O. Anzawa, K. Aoyama, K. Tanioka, S. Ichikawa, T. Sasada, and S. Yamakawa. Space environment & effect measurements from the MDS-1 (Tsubasa) satellite. *Proceedings of International Symposium on Space Technology and Science, Matsue, Japan, ISTS*, 2002.

[27] S. Kimura, Y. Hiroshi, N. Yasufumi, A. Maki, H. Hidekazu, T. Nobuhiro, K. Matsuaki, and Y. Keisuke. Single-event performance of a COTS-Based MPU under flare and non-flare conditions. *IEEE Transactions on Aerospace and Electronic Systems*, 41(2):599–607, 2005.

[28] S. Kimura, Y. Kasuya, and M. Terakura. Breakdown phenomena in SD cards exposed to proton irradiation. *Trans. JSASS Aerospace Tech. Japan*, 12:31–35, 2014.

[29] S. Kimura, A. Miyasaka, R. Funase, H. Sawada, N. Sakamoto, and N. Miyashita. High-performance image acquisition & processing unit fabricated using COTS technologies. *IEEE Aerospace and Electronic Systems Magazine*, 26(3):19–25, 2011.

[30] S. Kimura, A. Miyasaka, R. Funase, H. Sawada, N. Sakamoto, and N. Miyashita. A high-performance image acquisition and processing system for IKAROS fabricated using FPGA and free software technologies. *61st International Astronautical Congress, Prague, CZ, IAC-10.D1.2.10*, 26(3):19–25, 2010.

[31] S. Kimura, M. Terakura, A. Miyasaka, N. Sakamoto, N. Miyashita, R. Funase, and H. Sawada. A high-performance image acquisition and processing unit - using FPGA technologies. In *12th International Conference of Pacific-Basin Societies, ISCOPS*, pages 407–414, 2010.

[32] S. Kimura, T. Okyuama, N. Yoshioka, and Y. Wakabayashi. Robot-aided remote inspection experiment on STS-85. *IEEE Transactions on Aerospace and Electronic Systems*, 36(4):1290–1297, 2000.

[33] M. Oda. Experiences and lessons learned from the ETS-VII robot satellite. In *Proceedings 2000 ICRA. Millennium Conference. IEEE International Conference on Robotics and Automation. Symposia Proceedings (Cat. No. 00CH37065)*, volume 1, pages 914–919. IEEE, 2000.

[34] Y. Suzuki, S. Tsuchiya, T. Okuyama, T. Takahashi, Y. Nagai, and S. Kimura. Mechanism for assembling antenna in space. *IEEE Transactions on Aerospace and Electronic Systems*, 37(1):254–265, 2001.

[35] Y. Nagai, S. Tsuchiya, T. Iida, and S. Kimura. Audio feedback system for teleoperation experiments on Engineering Test Satellite VII: System design and assessments using eye mark recorder for capturing task. *IEEE Transactions on Systems Man and Cybernetics Part A*, 32(2):237–247, 2002.

[36] S. Kimura, T. Okuyama, Y. Yamana, Y. Nagai, and H. Morikawa. Teleoperation system for antenna assembly by space robots. In *Telemanipulator and Telep-*

resence Technologies V, volume 3524, pages 14–23. International Society for Optics and Photonics, 1998.

[37] B. Taylor, G. Aglietti, S. Fellowes, T. Salmon, A. Hall, T. Chabot, and C. Bernal. Removedebris preliminary mission results. In *International Astronautical Congress, Bremen, Germany, IAC-18,A6,5,1*, 2018.

[38] S. Kimura, M. Takahashi, T. Okuyama, S. Tsuchiya, and Y. Suzuki. A fault-tolerant control algorithm having a decentralized autonomous architecture for space hyper redundant manipulators. *IEEE Transactions on Systems, Man, and Cybernetics-Part A: Systems and Humans*, 28(4):521–527, 1998.

[39] S. Kimura and T. Okuyama. Processor performance required for decentralized kinematic control algorithm of module-type hyper-redundant manipulator. *Journal of Robotics and Mechatronics*, 8(5):442–446, 1996.

[40] S. Kimura, M. Yamauchi, and Y. Ozawa. Magnetically jointed module manipulators: New concept for safe intravehicular activity in space vehicles. *IEEE Transactions on Aerospace and Electronic Systems*, 47(3):2247–2253, 2011.

第6章 解决不可避免的问题:与空间碎片减缓和补救相关的法律和政策问题

Lucy Stewardson,Steven Freeland

空间碎片的日益扩散是一个重大而紧迫的挑战,因为它对空间活动以及空间和地球上的环境构成了威胁。就以技术迅速发展为特点的空间活动而言,情况似乎越来越严重,然而,目前空间没有具有约束力的法律框架来全面处理这一问题。1967年,《外层空间条约》第九条只简要地涉及空间环境方面,重点是有害污染和防止对各国空间活动的有害干扰。机构间空间碎片协调委员会(IADC)和联合国和平利用外层空间委员会(COPUOS,简称外空委)通过的非约束性自愿指南中,为减缓空间碎片制定了更具体的技术标准,并辅之以联合国外空委最近商定的旨在促进外层空间活动长期可持续性的准则案文。除了减缓标准,联合国外空委还在解决与空间碎片和补救措施有关的其他法律机制问题,但迄今尚未就什么是可能的和切实可行的得出结论。空间碎片减缓,特别是补救措施,引发了许多技术、经济和政治问题。补救的法律方面也具有挑战性:诸如对空间物体的控制和管辖权、补救行动期间的损害赔偿责任以及有关敏感数据和技术的知识产权等基本事项都提出了复杂的问题,需要仔细考虑最适当的管理机制。本章建议从减缓和补救两方面审查与空间碎片规制有关的一些主要法律和政策挑战与机会。

6.1 引言

外层空间是世界日益依赖的一个关键领域。早在冷战时期,它的高度战略性就得到了承认,美国和苏联都在努力通过进入外层空间来展示自己的优势,这就是后来被称为"太空竞赛"的激烈竞争[1-2]。自那以后,技术的快速发展使外层空间在大多数人类活动中发挥了关键作用。

随着对外层空间的使用和依赖的增加,空间物体的倍增造成了空间环境的严重污染,威胁到未来空间利用。空间碎片已成为国际社会的一个主要问题,需要在减缓和补救空间碎片方面采取协调一致的紧急应对措施。

本章首先通过概述目前的事实情况及其所造成的威胁来强调空间碎片问题的主要要素(6.2 节)。然后将审查现有条约法,以便了解目前有关空间碎片问题的法律框架及其在规制空间碎片问题方面的不足之处(6.3 节)。关于减缓碎片的非约束性技术标准已经出现,而且必将继续发展(6.4 节)。另外,补救工作虽然必不可少,但仍会产生尚待解决的复杂法律问题。这些问题和解决它们的可能方法将在最后一节(6.5 节)中讨论。

6.2 空间碎片:一个紧迫的问题

在深入研究目前法律框架的错综复杂及其缺陷和机会之前,有必要提供一些关于空间碎片的事实背景和有关情况。尽管存在一些国家、区域和国际各层面规范空间碎片的文书,但在国际文书中没有普遍接受或具有法律约束力的空间碎片定义[3]。联合国和平利用外层空间委员会被认为是处理与外层空间活动有关问题的主要论坛。2007 年,联合国外空委通过了《空间碎片减缓指南》,将空间碎片定义为:在地球轨道上或再入大气层的所有非功能性人造物体,包括碎块及其组成部分[4]。

该定义来自机构间空间碎片协调委员会于 2002 年通过的一套指南[5],并被联合国大会接受,作为联合国外空委认可的整个空间碎片减缓指南的一部分[6]。

传统上,空间碎片分为非活动有效载荷、操作碎片、解体碎片和微粒物质 4 类①。首先,非活动有效载荷,包括在执行任务后不再工作的卫星和航天器,它们不再受面上操作实体的控制。其次,操作碎片是指在发射阶段释放并在使用后丢弃的与任务有关的物体和航天器部件。再次,爆炸、碰撞和空间事故引起的在轨解体产生解体碎片。最后,微粒物质是由于在轨物体面对极其恶劣的外层空间环境时表面材料脱落而产生的[7-9]。

产生碎片的重大事件②,如卫星的碰撞和主动破坏,进一步导致空间碎片数量的显著增加。③

2019 年 1 月,欧洲航天局估计,目前有 3.4 万个大于 10cm 的空间碎片在轨道上飞行。对于 1~10cm 的物体,这个数字上升到 90 万,对于 1mm~1cm

---

① 必须指出,不同类型的空间碎片可能会引起不同的法律问题,如在定义或责任方面。

② 这些事件包括中国、美国和印度分别在 2007 年、2008 年和 2019 年摧毁了各自的卫星。2009 年"铱星" 33 与"宇宙" 2251 号的碰撞也产生了成千上万的碎片。

③ 和平利用外层空间委员会《空间碎片减缓准则》第 1 章。

的物体,这个数字上升到 1.28 亿[14]。

空间碎片所构成的威胁已得到广泛承认,本章将不再深入探讨当前情况所造成危害的细节。然而,值得注意的是,这些威胁已在 2007 年《空间碎片减缓指南》中得到承认,联合国外空委在该指南中强调了这一点:随着空间碎片数量的继续增加,导致潜在损害的碰撞概率也将随之增加。①

这指的是许多国家和专家都关切的一种恶性循环,即日益频繁的碰撞事件反过来会产生更多的空间碎片,从而进一步增加航天器受损的危险[12]。早在 1978 年,NASA 的科学家 D. J. Kessler 和 B. G. Cour-Palais 已经预测到了空间碎片的指数级扩散。他们指出,随着碰撞频次的增加,围绕地球形成"碎片带"的风险会增加,最终将导致外层空间几乎无法通行[15]。

联合国和平利用外层空间委员会的《空间碎片减缓指南》还强调了由于空间碎片数量不断增加而产生的第二个重大威胁,即"碎片在地球重返大气层过程中燃烧不充分时将给地面带来的损害风险"。虽然大多数重返地球的碎片由于极端高温而燃烧殆尽,但已经有一些空间碎片在穿越地球大气层的过程中幸存下来,并撞在地面上或海洋中[9]。这种撞击会对地球表面的财产和生命造成巨大损害。据估计,重返碎片造成人身伤害的概率约为万分之一量级[16]。

6.3　目前关于空间碎片的国际法律框架

由于外层空间污染的全球后果,对空间碎片的关注已成为国际社会上一个日益紧迫的议题。然而,目前还没有具有约束力的法律框架能够令人满意且全面地处理空间碎片问题。

《关于各国探索和利用包括月球与其他天体在内的外层空间活动的原则条约》(《外层空间条约》)[17],被认为是国际空间法的支柱,起草于冷战期间的 1967 年,主要关注外层空间武器化和军事活动,以及国家间合作[2]①。该条约第九条只抽象地考虑了空间环境方面,其中规定:

"在探索和利用包括月球和其他天体在内的外层空间方面,条约缔约国应以合作与互助原则为指导,在包括月球和其他天体在内的外层空间开展一切活动中应适当顾及《外层空间条约》所有其他缔约国的相应利益。条约缔约国应当对包括月球和其他天体的外层空间进行研究和探索,以避免对它们产生有害污染以及由于地外物质的引入而对地球环境造成不利变化,必要时应为此采取适当措施……"②

---

① 关于《外层空间条约》的通过和外层空间法的发展的更多背景,见参考文献[1]。
② 《外层空间条约》第九条[17]。

第6章 解决不可避免的问题：与空间碎片减缓和补救相关的法律和政策问题

该条接着聚焦通过协商方式防止对其他国家的空间活动产生有害干扰。

第九条第一句确立了在空间活动方面进行合作互助的重要国际原则，其中包括"适当顾及其他缔约国相应利益"的义务[8]。《外层空间条约》[18]中对外层空间环境的唯一提及出现在第九条第二段，该条呼吁各国避免对外层空间造成有害污染（称为前向污染）。该条还强调了避免因地外物质的引入而对地球环境造成后向污染的必要性。因此，对外层空间环境问题的关注非常少。此外，第九条在空间碎片方面的相关性是不确定的，因为学者们仍在讨论是否必须将空间碎片纳入"有害污染"的范围。① 一些学者认为，第九条的规定应被解释为仅指在外层空间释放化学、生物或放射性污染物，因此不包括空间碎片[3,8]。

后来为管理各国在外层空间的活动而通过的各项国际公约对解决空间碎片问题都没有提供任何更多的帮助。在1967年《外层空间条约》通过后不久，为处理空间活动的各个方面，国际上起草了若干文件。它们分别是：1968年通过的《关于营救宇航员、送回宇航员和归还发射到外层空间的物体的协定》（简称《营救协定》）[20]，1972年通过的《关于外层空间物体造成损害的国际责任公约》（简称《责任公约》）[21]，1975年通过的《关于登记射入外层空间物体的公约》（简称《登记公约》）[22]，以及1979年通过的《关于各国在月球和其他天体上活动的协定》（简称《月球协定》）[23]。

在这4项公约中，只有《月球协定》包含与外层空间环境有关的条款。《月球协定》第七条规定加强对空间环境的保护，呼吁各国避免破坏空间环境的现有平衡，同时第十一条规定外层空间的自然资源是人类的共同财富，规定对其进行合理管理，并公平分享从这些资源中获得的利益。后一项条款尤其使许多航天大国不愿签署公约[2,24]，导致《月球协定》实际上意义不大，只有18个国家批准，而且没有一个重要航天大国批准。②

虽然《责任公约》没有直接处理空间环境和空间碎片本身的问题，但它确实提供了一些关于空间物体造成损害的赔偿责任说明③，因此在空间碎片造成损害的情况下是相关的。

根据《责任公约》，责任由"发射国"承担，"发射国"的定义是"发射空间物体或购买空间物体发射服务"的国家或"从其领土或设施发射空间物体"

---

① 关于《外层空间条约》第九条中"有害污染"一词的含义及其关于空间碎片的范围的讨论，见参考文献[19]。

② 在2019年9月《月球协议》的缔约方是亚美尼亚、澳大利亚、奥地利、比利时、智利、哈萨克斯坦、科威特、黎巴嫩、墨西哥、摩洛哥、荷兰、巴基斯坦、秘鲁、菲律宾、沙特阿拉伯、土耳其、乌拉圭和委内瑞拉。

③《责任公约》第一条(d)款规定，为了公约的目的，"空间物体"一词包括"空间物体的组成部分，以及其运载火箭和部件"。

的国家。①因此，就《责任公约》而言，发射国往往不止一个[25]，该公约第五条规定，所有相关发射国均应承担连带责任。②

《责任公约》建立了一种分级制度，根据损害的地点确定责任。一方面，对于空间物体对地球表面或飞行中的飞机造成的损害，发射国将承担严格或绝对责任。③在空间碎片再入大气层并对地球造成损害的情况下，发射国④将承担绝对责任。只有在索赔国或其所代表的人存在重大过错或故意造成损害，或者造成损害的活动符合国际法的情况下，发射国才能完全免除责任。另一方面，对于发生在外层空间的损害，责任是基于过错的，必须证明有过错。⑤该问题将出现在一块空间碎片和一个正在运行的航天器这样两个空间物体在轨道上发生碰撞的情形中。

《责任公约》还设想了连锁反应，该公约进一步规定，如果一国对另一国空间物体造成的损害导致对地球表面以外的第三方造成损害，对第三方造成损害的两个空间物体的发射国将对第三国承担连带责任。⑥

《责任公约》确立了处理索赔要求的程序性机制，首先通过外交渠道，如果1年内未能达成协议，则通过设立索赔委员会来进行处理。⑦这一机制的效率严重受限，因为索赔委员会的决定放在最后，而且只有"在各当事方同意的情况下"才具有约束力，而鉴于各国不愿使用具有约束力的争端解决机制，这一协议不太可能实现[28]。在未达成同意协议的情况下，索赔委员会的调查结果仅构成一个建议性裁决，各当事方"应善意考虑"。⑧

6.4 空间碎片减缓：主要国际指南概述

鉴于有效处理空间碎片问题的国际法律框架不足，同时面对这些碎片构成的威胁日益严重，数个国家和国际机构都通过了各种技术性更强的文书。⑨在国际层面，最广为熟知的是2002年《机构间空间碎片协调委员会空间碎片减缓指南》（简称《IADC空间碎片减缓指南》），该指南的大部分内容由联合国外空委

---

① 《责任公约》第一条(c)款(i)、(ii)。必须指出，在空间碎片造成损害的情况下，确定发射国可能是困难的，因为可能不清楚众多碎片中哪一块碎片造成损害，以及该碎片的来源[19,24]。
② 《责任公约》第五条第(1)款。空间物体造成损害的受害者可以此向任何一个发射国索要全部赔偿。
③ 《责任公约》第二条。
④ 《责任公约》第六条第(1)、(2)款。
⑤ 《责任公约》第二条[26]。
⑥ 《责任公约》第四条。
⑦ 《责任公约》第九～十五条。
⑧ 《责任公约》第十九条第（2）款。
⑨ 关于与空间碎片减缓有关做法和文书的概述，见参考文献[27]。

第6章 解决不可避免的问题：与空间碎片减缓和补救相关的法律和政策问题

于2007年在其自己的空间碎片减缓指南中得到核准。

2019年6月，联合国外空委通过了《外层空间活动长期可持续性指南》（简称《长期可持续性指南》），该准则似乎也适用于空间碎片问题。

6.4.1节将重点介绍这些指南的背景和主要特点，6.4.2节再研究它们的缺点和改进的可能性。

6.4.1 IADC指南和COPOUS指南的内容

IADC和COPOUS指南构成了空间碎片减缓的基本条款。虽然这两套指南非常相似，但在某些方面确实有所不同。本节将概述IADC准则和COPUOS指南的主要内容，然后概述新的《长期可持续性指南》。

6.4.1.1 《IADC空间碎片减缓指南》（2002年）

IADC成立于1993年，是一个优秀的国际政府间论坛，由国家政府和国际空间机构组成，旨在从技术角度协调各机构在空间碎片方面的活动[28]。IADC于2002年10月以协商一致方式正式通过了《IADC空间碎片减缓指南》，并被认为体现了"许多国家和国际组织制定的一系列现有做法、标准、守则和手册的基本减缓要素"。①

《IADC空间碎片减缓指南》侧重于与空间任务的综合环境影响有关的因素：

（1）限制正常操作过程中释放的碎片。

（2）将在轨解体的可能性降至最低。

（3）任务后处置。

（4）防止在轨碰撞。

技术建议是根据这些关注点提出的。例如，为了最大限度地降低在轨解体的风险，指南建议采取钝化措施，即在不再需要的情况下，消除航天器或轨道级的所有在轨储存能源。②

关于航天器在其操作阶段结束后的任务后处置问题，《IADC空间碎片减缓指南》根据航天器的位置设想了两种选择。位于地球静止轨道（GEO）③的航天器应转轨到另一个更高的轨道，在那里它们将不会干扰仍在地球静止轨道运行的空间物体。④《IADC空间碎片减缓指南》就如何执行这些机动提供

---

① 和平利用外层空间委员会《空间碎片减缓指南》第二章[4]。
② 《IADC空间碎片减缓指南》，5.2.1节（另见参考文献[12]）。
③ 地球静止轨道是一个"轨道周期等于地球恒星周期的地球轨道。这个独特的圆形轨道的高度接近35786千米"（《IADC空间碎片减缓指南》，3.3.2节）。
④ 《IADC空间碎片减缓指南》，5.3.1和5.3.2节（另见参考文献[9]]。

了技术性非常强的指导。另外，通过低地球轨道（LEO）[①]区域的航天器应在操作完成后 25 年内脱离轨道。为此，《IADC 空间碎片减缓指南》明确规定，最好直接重返大气层，但不应对人员或财产造成不当风险。将航天器机动到在轨时间缩短的轨道，或者在操作结束时收回航天器，也被列为处置方案。[②]

6.4.1.2 COPUOS《空间碎片减缓指南》（2007 年）

COPUOS 于 2007 年通过的《空间碎片减缓指南》主要以 IADC 准则为基础。虽然它们都不具备约束力，但 COPUOS 的《空间碎片减缓指南》被认为是与空间碎片有关的最重要的一套国际标准。该指南通过时委员会包含 67 个国家，因此该指南是航天大国之间普遍国际共识的体现[30]。联合国大会第 62/217 号决议对这些指南的支持，进一步加强了它们的重要价值和突出的政治作用。[③]因此，绝大多数国家将 COPUOS 的《空间碎片减缓指南》作为适用的基准标准。各国采取的国家倡议例子可参见最新版的《各国和国际组织采纳的空间碎片减缓标准汇编》。[④]

7 项指南仍停留在一般水平，并鼓励在自愿基础上采取以下行动：

（1）限制正常操作过程中释放的碎片。

（2）在操作阶段尽量减少可能出现的解体。

（3）限制在轨意外碰撞的概率。

（4）避免故意破坏和其他有害活动。

（5）最大限度地降低因储存能源而导致任务后解体的可能性。

（6）限制航天器和运载火箭轨道级任务结束后在低地球轨道的长期存在。

（7）限制航天器和运载火箭轨道级任务结束后对地球同步轨道区域的长期干扰。

因此，这些指南反映了 2002 年 IADC 指南所强调的主要减缓要素。虽然 2007 年 COPUOS 制定的《空间碎片缓减指南》比 2002 年 IADC 指南更广泛、更不具体，但前者明确提及更新后的《IADC 空间碎片减缓指南》[⑤]，并邀请会员国和国际组织：[⑥]参考 IADC 网站上最新版的《IADC 空间碎片减缓指南》和其他支持性文件……以获得有关空间碎片减缓措施更深入的

---

① 低地球轨道是一个"从地球表面延伸到 2000 千米高度的球形区域"（《IADC 空间碎片减缓指南》3.3.2 节）。

② 《IADC 空间碎片减缓指南》，5.3.2 节（另见参考文献[29]）。

③ 联合国大会."联合国大会第 62/217 号决议，和平利用外层空间的国际合作"[6]（见参考文献[2]）。

④ 2019 年 2 月 25 日的《碎片缓解汇编》的最新版本，可在联合国外层空间事务办公室（UNOOSA）网站上查阅[31]。

⑤ 如联合国文件 A/AC.105/C.1/L.260 的附件所载。

⑥ 和平利用外层空间委员会《空间碎片减缓指南》第六章[4]。

说明和建议。

6.4.1.3 《长期可持续性准则》（2019 年）

在 2019 年 6 月举行的第 62 届会议上，联合国外空委通过了《外层空间活动长期可持续性序言》和《外层空间活动长期可持续性 21 项准则》（《长期可持续性准则》）。这些准则分为 4 类：空间活动的政策和管制框架；空间作业安全；国际合作、能力建设和认识；科学技术研究与开发。①

与空间碎片问题有关的准则包括《长期可持续性准则》中 A.2 条，其鼓励各国"在制定、必要时修改或修订国家外层空间活动管制框架时考虑一些要素"，更具体地说，要考虑到通过适用的机制执行空间碎片减缓措施，如联合国和平利用外层空间委员会的空间碎片减缓指南。

该准则的 B.3 条指导各国"提高空间碎片监测信息收集、共享和分发水平"，而 B.9 条呼吁各国"采取措施，处理与空间物体不受控再入有关的风险"，D.2 条则邀请各国"研究和考虑从长远角度管理空间碎片数量的新措施"。

虽然《长期可持续性指南》不具有约束力，但它呼吁各国通过国家法规和机制自愿执行。②

6.4.2 关于空间碎片减缓的不足和机会

联合国外空委的《空间碎片减缓指南》在国际层面解决空间碎片问题方向上迈出了重要一步。然而，它们并没有涵盖空间碎片问题的所有方面。

《空间碎片减缓指南》的主要缺点之一是没有对责任和保险[33]以及蓄意破坏空间物体等关键问题展开讨论。最后一点特别有争议，因为完全禁止在轨有意破坏将等于限制《外层空间条约》第一条所体现的自由使用原则[19]。

联合国外空委《空间碎片减缓指南》第四条仅指出[4]：应避免故意破坏任何在轨航天器和运载火箭轨道级或其他产生长寿命碎片的有害活动。

但是，有必要进一步讨论在轨破坏的限制问题，无论是通过似乎不太可能的全面禁止，还是通过更详细地说明在何种情况下蓄意破坏空间物体是必要的和合理的。

考虑到各种指南起到了基础性作用，以及国家在空间碎片问题上越来越多的合作方式，国际社会希望继续推进指南的实施，并在 COPUOS 内开展进一步讨论以促使各国设法解决上述关键问题。

---

① 和平利用外层空间委员会。第六十二届会议（2019 年 6 月 12 日—21 日）。A/74/20. 2019. 附件二（"长期可持续性准则"）[32]。

②《长期可持续发展准则》的序言。

6.5 空间碎片补救：法律问题和潜在答案

各国和非政府行为者日益认识到，除了减缓努力，主动清除碎片和在轨卫星服务等补救行动对于正确处理空间碎片这一紧迫问题也是必要的[12,29]。

然而，除了补救技术、地缘政治和经济挑战，补救努力还会产生若干法律问题。6.5.1 节将研究补救措施引发的主要法律问题，6.5.2 节重点介绍一些有助于克服这些困难的方案。

6.5.1 补救路上的法律障碍

在考虑补救作业时遇到的主要法律问题包括空间碎片的定义（6.5.1.1 节）、对碎片的管辖权和控制权（6.5.1.2 节）、在清除作业期间造成损害情况下的责任（6.5.1.3 节），以及与知识产权和安全有关的挑战（6.5.1.4 节）。

6.5.1.1 空间碎片的定义

如上所述，没有一项国际法律文书给出"空间碎片"的定义。虽然联合国外空委《空间碎片减缓指南》中的定义得益于该指南的广泛接受度和相对的政治权威性，但它在普遍性或一致性方面远远不够。这给试图确定哪些是可以从轨道上清除的空间碎片，特别是判断不再工作的航天器是否可清除，造成了很大的困难。

有关空间碎片的国际文书通常将功能作为确定空间碎片的相关标准，并将空间碎片视为已不再具有功能的空间物体。① 然而，有人认为，即使表面上看似无用和不工作的空间物体，如果它们是为将来的活动而"储备"的，或者载有机密信息[24]，也可能构成一个国家的宝贵资产。因此，有人认为，即使空间物体明显地不再具有功能，空间物体的登记国仍对其保留管辖权②，并且只有登记国才能确定该物体是否为不具有功能，从而判定其是否构成空间碎片[19,33]。

6.5.1.2 对空间碎片的管辖和控制

登记国对空间物体保留管辖权的另一个后果是该国有权对该物体行使国家主权[33]。如上所述，《外层空间条约》第八条规定即使在空间物体已明显地不再具有功能，该物体的管辖权和控制权在一段时间内仍然属于登记国。

在这方面，"管辖权"被理解为对空间物体的司法、立法和行政权限[7]，而"控制权"则指除了实际可能监督空间物体活动，还具有监督空间物体活动的独有法律权利[30]。

---

① 这就是 IADC、COPUOS 和欧盟《外层空间活动行为守则》所认可的空间碎片定义的情况（另见参考文献[34]）。

② 《外层空间条约》第八条规定，"条约缔约国对发射到外空的登记物体应保留管辖权和控制权"。见参考文献[35]。

第6章 解决不可避免的问题：与空间碎片减缓和补救相关的法律和政策问题

因此，除了确定一个空间物体是否构成空间碎片，登记国在法律、技术和物理上保留对该物体的独有控制权。因此，有人认为，清除或以其他方式转移空间碎片将需要事先征得登记国的同意或授权，否则就等于侵犯该国的管辖权和控制权[29, 34, 36]。

6.5.1.3 关于责任的问题

如上所述，1972 年《责任公约》制定了一项制度，根据该制度，所有有资格成为"发射国"的国家都应承担连带责任，这也是《责任公约》成立的目的。此外，如果一国对另一国的空间物体造成损害，该损害又对第三国造成损害，那么前两个国家将对第三国负有连带责任。因此，在补救的情况下：[34]如果清除操作对第三方造成损害，根据《责任公约》的规定，对第三方造成损害的两个空间物体（清除装置和目标物体）的发射国将承担连带责任。

此外，《责任公约》规定了恢复原状原则，这使发射国有义务提供这种赔偿，使受害者恢复到"如果没有发生损害应该存在的"状态。①因此，遭受损害的国家或实体必须获得全部赔偿，而《责任公约》并没有规定赔偿的最高数额。鉴于空间活动所涉及的技术和巨额投资，对损害空间物体所支付的赔偿数额可能会十分巨大[26]。

《责任公约》的规定对各国进行补救行动具有重大的遏制作用，因为在主动清除碎片的情况下，补救行动通常会产生危险的机动，如穿越轨道和再入大气层[3,34]。因此，在补救行动中对空间物体造成损害的风险就会增加，如果实际执行②，《责任公约》的规定可能导致发射国，甚至是那些对行动几乎或根本没有控制的国家，被要求对其所造成的损害支付巨额赔偿。

6.5.1.4 空间碎片补救的知识产权和安全问题

在补救方面经常被强调的第四个主要问题涉及知识产权和安全问题。

主动清除碎片和在轨卫星服务等补救行动意味着高度接近空间物体并与其发生物理接触。这需要有关目标对象的详细技术知识，而这些知识可能是机密的或受专利保护[29,37]。③此外，一旦实施补救行动的实体控制了空间物体，它就有可能获得诸如先进技术或战略性军事数据等高度敏感的信息。因此，在补救背景下的信息交换和处理是一个需要通过类似于签署许可协议和保密协议的方式来解决的问题。

---

① 《责任公约》第十二条。
② 如上所述，作者对《责任公约》在落实国家对空间物体造成损害的责任方面的实际效力表示怀疑。除其他原因，这是由于索赔委员会决定的潜在价值不高，以及没有系统的空间交通管理系统来确定哪个空间物体有过失，因此难以证明在外层空间造成损害的过失或疏忽（见参考文献[26,34]）。
③ 关于美国方面对清除碎片行动中数据可用性关切的进一步信息，见参考文献[34]。

6.5.2 补救的机会和可能的解决方案

补救活动引起的法律问题是复杂的。但是，目前国际上提出了许多解决这些问题的建议，并建立了一个能够支持甚至鼓励这种行动的法律框架。

首先，有学者建议，这种情况需要通过一项管理空间碎片补救活动的国际公约[30]。这项补救公约将通过界定空间碎片的构成，处理对空间物体的管辖权和控制权问题（如通过有利于寻求和授予许可或管辖权转让的机制[34]，调整责任规则以鼓励补救行动，并确保机密和专有数据受到保护，提供一个克服上述关键法律问题的框架。这也可以采取各种条约议定书的形式。例如，有人认为最好通过一项《责任公约议定书》，规定如果在清除空间碎片行动中发生损害，应减轻过错，甚至在《责任公约》适用范围建立豁免制度[34]。

其他学者似乎更加雄心勃勃，提出了制定一项国际条约的想法，该条约将关注空间碎片的多个方面而不限于补救问题。这将使国际社会能够开展讨论并就空间碎片产生的合法性以及减缓、碰撞规避、信息交流和主动清除碎片的义务等问题达成协议[24]。

另一种办法是在现有"软法"文书的基础上拟定一项"硬法"文书，将有关空间碎片和外层空间环境问题的新原则编入其中。这些原则由各国在支持非约束性文书采用的持续合作中达成，将对现有国际法集合的空白进行补充和填补[38]。同样，有人认为，应考虑到国际环境法的原则，如可持续发展、代际公平和尽职调查，来为应对空间碎片挑战提供方向[8,24]。

此外，研究人员还设想了一些机制来汇集和交换有关空间物体与空间碎片的信息[39]，或者通过空间交通管理系统控制空间交通[19]。还有学者提议建立一个"全球空间碎片清除经济基金"[24,34]，通过向获得许可的清除实体提供资金促进补救技术的发展。该基金的经费可由发射国和私人行为者按其在外层空间活动中所占份额的比例提供。这种机制还可为活跃在外层空间的实体协调有关补救活动和交流相关信息提供一个合适的平台。

6.6 本章小结

尽管人们普遍承认并关注空间碎片所构成的威胁，但与这一问题有关的法律和政策框架仍在"建设中"。

关于外层空间活动的常规框架在空间碎片方面只能提供有限的帮助。相关条约规定要么过于模糊，如《外层空间条约》第九条规定的对外层空间环境的有害污染界限不明确，范围有争议；要么载于政治上无力的文书，如《月球协定》中有关保护外层空间环境的规定。《责任公约》涉及空间碎片造成损害的赔偿责任问题。但联合国关于外层空间的 5 项条约中没有一项能令人满意地处理空间碎片的产生和倍增问题。

因此,在国际层面通过了非约束性文书,通过制定空间碎片减缓的基本标准,指导各国朝着正确的方向前进。尽管 IADC 指南和 COPUOS 指南都存在缺陷,但它们包含减缓的基本要素,并将受益于高水平的实施。此外,最近通过的《长期可持续性准则》强调了正在改进和拓展空间碎片减缓问题的相关文书。但是,还需要进一步的讨论和发展,因为一些关键问题仍然必须加以处理,如有关责任和故意破坏卫星等问题。

为应对空间碎片的紧迫威胁,除了减缓,还必须开展补救工作。补救会带来许多技术、经济和政治挑战,以及法律上的困难。一些关键问题仍然有待解决,其中包括:什么是空间碎片,什么样的机制可以在不侵犯国家管辖权的情况下清除碎片,在补救作业中造成损害可能产生的责任,以及涉及知识产权和国家安全的敏感问题。但是,已经就处理这些法律问题提出了许多想法和建议,它们将有助于紧急补救行动的实施。

虽然在减缓空间碎片方面仍需继续改进,在补救方面也必须回答基本问题,但在国家和国际两个层面看到的不断发展与努力形势还是比较乐观的。各国,或者更广泛地说,以这种或那种方式参与空间活动的所有行为者都日益认识到这样一个事实:这确实是一个不可避免的问题,而这只能通过合作和有效行动来实现。

缩略语

IADC　Inter-Agency Space Debris Coordination Commitlee　机构间空间碎片协调委员会

COPUOS　United Nations Committee on the Peacefull Uses of Outer Space　联合国和平利用外层空间委员会

UNOOSA　United Nations Office for Outer Space Affairs　联合国外层空间事务办公室

NASA　National Aeronautics and Space Administration　美国国家航空航天局

GEO　Geostationary Earth Orbit　地球静止轨道

LEO　Low Earth Orbit　低地球轨道

词汇表

《外层空间条约》:《关于各国探索和利用包括月球和其他天体在内外层空间活动的原则条约》(1967 年)。

《营救协定》：《关于营救航天员、送回航天员和归还发射到外层空间的实体的协定》（1968年）。

《责任公约》：《关于外层空间物体造成损害的国际责任公约》（1972年）。

《登记公约》：《关于登记射入外层空间物体的公约》（1975年）。

《月球协定》：《关于各国在月球和其他天体上活动的协定》（1979年）。

IADC 指南：《机构间空间碎片协调委员会空间碎片减缓指南》（2002年）。

UNCOPUOS 指南：联合国和平利用外层空间委员会《缓减空间碎片指南》（2007年）。

长期可持续性准则：联合国和平利用外层空间委员会《外层空间活动长期可持续性准则》（2019年）。

地球静止轨道："轨道周期等于地球恒星周期的地球轨道……这个独特的圆形轨道的高度接近35786km。"（《IADC 空间碎片减缓指南》3.3.2节）

低地球轨道区域："从地球表面延伸至2000km高度的球形区域。"（IADC《空间碎片减缓指南》3.3.2节）

延伸阅读

von der Dunk, F. and Tronchetti, F. (2015). *Handbook of Space Law*. Cheltenham: Edward Elgar Publishing.

Jakhu, R.S. and Dempsey, P.S. (2017). *Routledge Handbook of Space Law*. New York: Routledge.

Viikari, L. (2008). *The Environmental Element in Space Law: Assessing the Present and Chartering the Future*. Leiden: Martinus Nijhoff.

参考文献

[1] P. Jankowitsch. The background and history of space law. In *Handbook of Space Law, by F. von der Dunk and F. Tronchetti*, pages 1–28. Cheltenham: Edward Elgar Publishing, 2015.

[2] F. von der Dunk. International space law. In *Handbook of Space Law, by F. von der Dunk and F. Tronchetti*, pages 29–126. Cheltenham: Edward Elgar Publishing, 2015.

[3] J. Su. Control over activities harmful to the environment. In *Routledge Handbook of Space Law, by R. S. Jakhu and P.S. Dempsey*, pages 73–89. New York: Routledge, 2017.

[4] UNCOPUOS. "Space Debris Mitigation Guidelines of the Committee on the Peaceful Uses of Outer Space." Report of the Committee on the Peaceful Uses

of Outer Space on its Fiftieth Session (6-15 June 2007), GAOR, Sixty-second session, Supp. No. 20, A/62/20. 2007. Annex IV.

[5] Inter-Agency Space Debris Coordination Committee. "Space Debris Mitigation Guidelines." United Nations Office for Outer Space Affairs. September 2007. IADC Space Debris Mitigation Guidelines, (accessed on September 4, 2019): http://www.unoosa.org/documents/pdf/spacelaw/sd/IADC-2002-01-IADC-Space_Debris-Guidelines-Revision1.pdf.

[6] UN General Assembly. "General Assembly Resolution 62/217, International cooperation in the peaceful uses of outer space." A/RES/62/217. 21 December 2007.

[7] H. A. Baker. *Space Debris:* Legal and Policy Implications. Vol. 6. Dordrecht: Martinus Nijhoff, 1989.

[8] V. Gupta. Critique of the international law on protection of the outer space environment. *Astropolitics*, 14:20–43, 2016.

[9] L. Viikari. *The Environmental Element in Space Law: Assessing the Present and Charting the Future.* Leiden: Martinus Nijhoff, 2008.

[10] National Aeronautics and Space Administration. Fengyun-1c debris cloud remains hazardous. In *Orbital Debris Quarterly*, pages 2–3, Vol. 18–1, January 2014.

[11] National Aeronautics and Space Administration. Two breakup events reported. In *Orbital Debris Quarterly*, pages 1–2, Vol. 23–3, August 2019.

[12] P. K. McCormick. Space debris: Conjunction opportunities and opportunities for international cooperation. *Science and Public Policy*, 40:801–813, 2013.

[13] S. Freeland. The 2008 Russia/China Proposal for a Treaty to Ban Weapons in Space: A Missed Opportunity or an OpeningGambit? In *Proceedings of the International Institute of Space Law 2008: 51st Colloquium on the Law of Outer Space, Glasgow, Scotland,* pages 261–271. AIAA, 2008.

[14] European Space Agency. "Space Debris by the Numbers". Information correct as of January 2019, (accessed on August 6, 2019): https://www.esa.int/Safety_Security/Space_Debris/Space_debris_by_the_numbers.

[15] D. J. Kessler and D. G. Cour-Palais. Collision frequency of artificial satellites: The creation of a debris belt. Journal of Geophysical Research, 83(A6):2637–2646, 1978.

[16] International Academy of Astronautics. "Cosmic Study on Space Traffic Management" (accessed on August 13, 2019): https://iaaweb.org/iaa/Studies/spacetraffic.pdf.

[17] *Treaty on Principles Governing the Activities of States in the Exploration and Use of Outer Space, including the Moon and Other Celestial Bodies, Opened for Signature in Washington, London and Moscow, 27 January* 1967. Vol. 610,

United Nations Treaty Series (UNTS), 1967.

[18] H. H. Jr. Almond. A draft convention for protecting the environment of outer space. In *Proceedings of the Twenty-third Colloquium on the Law of Outer Space. Tokyo, Japan*, pages 97–102, 1980.

[19] P. Stubbe. *State Accountability for Space Debris. A Legal Study of Responsibility for Polluting the Space Environment and Liability for Damage Caused by Space Debris (Studies in Space Law)*. Leiden: Martinus Nijhoff, 2018.

[20] *Agreement on the Rescue of Astronauts, the Return of Astronauts and the Return of Objects Launched into Outer Space, Opened for Signature in London, Moscow and Washington, 22 April 1968*. Vol. 672, United Nations Treaty Series (UNTS), 1968.

[21] *Convention on International Liability for Damage Caused by Space Objects, Opened for Signature in London, Moscow and Washington, 29 March 1972*. Vol. 962, United Nations Treaty Series (UNTS), 1972.

[22] *Convention on Registration of Objects Launched into Outer Space, Opened for Signature in New York, 14 January 1975*. Vol. 1023, United Nations Treaty Series (UNTS), 1975.

[23] *Agreement Governing the Activities of States on the Moon and Other Celestial Bodies, Opened for Signature in New York, 18 December 1979*. Vol. 1363, United Nations Treaty Series (UNTS), 1979.

[24] L. Viikari. Environmental Aspects of Space Activities. In *Handbook of Space Law, by F. von der Dunk and F. Tronchetti*, pages 717–761. Cheltenham: Edward Elgar Publishing, 2015.

[25] S. Freeland. There's a Satellite in My Backyard-Mir and the Convention on International Liability for Damage Caused by Space Objects. *UNSW Law Journal*, 24(4):462–484, 2001.

[26] A. Kerrest and C. Thro. Liability for damage caused by space activities. In *Routledge Handbook of Space Law, by R. S. Jakhu and P. S. Dempsey*, pages 59–72. New York: Routledge, 2017.

[27] Legal Subcommittee of UNCOPUOS. "Compendium of Space Debris Mitigation Standards Adopted by States and International Organizations." Fifty-fifth Session (4–15 April 2016), A/AC.105/C.2/2016/CRP.16. 2016.

[28] A. Tuozzi. "The Inter-Agency Space Debris Coordination Committee (IADC): An Overview of IADC's Annual Activities". United Nations Office for Outer Space Affairs. November 2018, (accessed September 4, 2019): http://www.unoosa.org/documents/pdf/icg/2018/icg13/wgs/wgs_23.pdf.

[29] S. A. Hildreth and A. Arnold. *Threats to U.S. National Security Interests in Space: Orbital Debris Mitigation and Removal. Report Prepared for Members and Committees of Congress, Congressional Research Service, 8 January 2014*. 2014.

[30] L. Li. Space Debris Mitigation as an International Law Obligation: A Critical Analysis with Reference to States Practice and Treaty Obligations. *International Community Law Review*, 17(3):297–335, 2015.

[31] UNOOSA. Space Debris Mitigation Compendium, dated 25 February 2019, can be accessed at: http://www.unoosa.org/documents/pdf/spacelaw/sd/Space_Debris_Compendium_COPUOS_25_Feb_2019p.pdf.

[32] UNCOPUOS. "Guidelines for the Long-term Sustainability of Outer Space Activities." Sixty-second Session (12–21 June 2019), UN Doc. A/74/20. 2019. Annex II.

[33] Scientific and Technical Subcommittee of UNCOPUOS. "Towards Long-Term Sustainability of Space Activities: Overcoming the Challenges of Space Debris: A Report of the International Interdisciplinary Congress on Space Debris." Forty-eighth Session (7–18 February), UN Doc A/AC.105/C.1/2011/CRP.14. 2011.

[34] Scientific and Technical Subcommittee of UNCOPUOS. "Active Debris Removal – An Essential Mechanism for Ensuring the Safety and Sustainability of Outer Space: A Report of the International Interdisciplinary Congress on Space Debris Remediation and On-Orbit Satellite Servicing." Forty-ninth Session (6–17 February 2012), UN Doc. A/AC.105/C.1/2012/CRP.16. 2012.

[35] I. H. Ph. Diederiks-Verschoor. Legal Aspects of Environmental Protection in Outer Space Regarding Debris. In *Proceedings of the 30th Colloquium on the Law of Outer Space of the IISL*. Brighton: AIAA, 1987.

[36] UN General Assembly. "Report of the Committee on the Peaceful Uses of Outer Space on its Sixty-first Session (20–29 June 2018)." Seventy-third Session, Supp. No. 20, UN Doc. A/73/20. GAOR, 2018.

[37] M. J. Listner. Legal Issues Surrounding Space Debris Remediation. *The Space Review*, 6(08), 2012.

[38] U. M. Bohlmann and S. Freeland. The Regulation of Space Activities and the Space Environment. In *Routledge Handbook of International Environmental Law, by S. Alam, Md J. H. Bhuiyan and T. M. R. Chowdhury*, pages 375–391. London: Taylor & Francis Ltd, 2012.

[39] UNCOPUOS. "Report of the Legal Subcommittee on its Fifty-seventh Session (9–20 April 2018)." Sixty-first Session (20–29 June 2018), UN Doc. A/AC.105/1177. 2018.

第 7 章　在空间碎片问题背景下的空间活动风险评估

Cécile Gaubert

空间碎片的数量每年都在增加，因为空间活动、发射和运行空间物体的数量在不断增加，特别是随着包含小卫星部署或在轨服务等新活动的"新空间"的发展，这种增加趋势更加明显。空间碎片产生的原因有发射活动、空间物体失控，甚至蓄意破坏卫星等。关于与空间碎片有关的风险，尽管迄今为止没有与空间碎片损害有关的重大损失记录，但在地面或轨道上的确发生了一些事件。而且，人们正在开展一些旨在清洁空间的项目。这些项目也有一些相关的法律和风险问题。这使得空间碎片成为一个法律风险和风险评估方面的问题。迄今为止，尽管我们可能会找到一些国家法规，但在国际层面还没有专门针对空间碎片的具有法律约束力的法规。因此，本章将讨论向专门市场（如保险）或国家转移空间碎片相关风险的法律和风险评估问题。本章将不仅侧重于空间碎片造成的风险，还将侧重于与补救项目相关的风险，后者可能会产生新的风险。最后，本章将对保险市场为支持空间碎片补救项目发展而采取的行动路径进行述评。

7.1 引言

自 1957 年第一颗人造卫星 Sputnik-1 号发射以来，人类已经进行了 5000 多次搭载一颗或多颗卫星的发射活动。这些发射的结果是，截至 2019 年初，大约 9000 颗卫星被送入轨道。当前有 5000 颗卫星在轨道上运行，其中只有 2062 颗处在工作状态。大量不工作的卫星仍在轨道上运行，被认定为空间碎片。但空间碎片不只是不工作的卫星，还可能是具有各种特性的空间物体。

空间碎片有多种来源，主要分为以下几类：

（1）不工作的卫星：已达到合同规定寿命或因故障而过早失去控制的卫星。

(2) 在发射完成后仍在轨道上的火箭上面级（无论发射成功与否）。为再入大气层而设计的火箭下面级也是碎片的来源。

(3) 与任务有关的碎片：空间物体或从空间物体脱落的物质，如烟火物品或有效载荷的适配器等。

(4) 由有效载荷或火箭爆炸产生的碎片。

(5) 空间物体在轨道上的碰撞会产生碎片，如 2009 年"铱星"33 和"宇宙"2251 之间的碰撞。

(6) 自愿摧毁卫星。可以注意到，美国、中国和印度分别在 2008 年、2007 年以及 2019 年使用从地球发射的弹道导弹摧毁了他们各自的卫星。俄罗斯确实拥有同样的技术，但没有在卫星上使用过。对低地球轨道卫星的这种破坏将在外层空间产生大量碎片，从而增加了活跃空间物体与碎片之间碰撞的风险。

空间碎片风险是空间活动所固有的一种日益增长的风险，因此，我们迫切需要找到管理上述风险的方法，并提供减轻和管理风险的解决方案。

本章将讨论与空间碎片有关的法律框架，更具体地讲，讨论与法律和技术风险有关的问题（7.2 节）。在法律环境基础上，有必要讨论空间保险部门的参与问题，以评估将空间碎片风险转移到空间保险市场的可能途径（7.3 节），并探索保险市场支持碎片清除项目的路径（7.4 节）。

7.2 空间碎片相关的风险

在判断空间碎片的风险时，第一个问题与不存在空间碎片法律定义这一事实有关。然而，联合国各项条约（《外层空间条约》[1]和《责任公约》[2]）明确指出，各国对被定义为空间物体及其组成部分的空间物体负有国际责任①。由于缺乏法律定义，已经出现了一些定义空间碎片的倡议。我们可以参照联合国外空委《空间碎片减缓指南》，其中空间碎片的定义为"所有在地球轨道或再入大气层的非功能性人造物体，包括碎块及其组成部分"[3]。目前值得强调的是，这个定义没有法律约束力。即使没有关于空间碎片的法律定义，但仍应就空间碎片造成损害时的赔偿责任问题展开讨论，以便评估这种碎片所附带的风险以及与之有关的最终风险管理。

因此，我们应扪心自问，责任在多大程度上隶属于空间碎片，以及不管定

---

① 《外层空间条约》第七条：发射或促使物体发射到外层空间（包括月球和其他天体）以及从其领土或设施发射物体的各缔约国，对该物体或其组成部分在地面、空中或外层空间（包括月球和其他天体）对另一缔约国或其自然人或法人造成的损害，负有国际责任。

义怎样，当空间碎片造成损害时，国家或空间运营商（无论私营与否）的责任后果是什么。

7.2.1 节中将评估了与空间碎片风险有关的法律背景，以及是否存在与空间碎片造成的损害相关的任何责任，7.2.2 节重点讨论了空间碎片固有的主要风险，7.2.3 节讨论了关于空间碎片清除项目的具体情况。

7.2.1 空间碎片的法律环境

在国际或国家层面，我们可以依靠各种法律依据来评估空间碎片的法律框架。

7.2.1.1 国际法规

国际空间制度为评估国家责任提供了概念。

国际层面的责任问题由《外层空间条约》和《责任公约》共同管理。《赔偿责任公约》的第二、三和四条是重要条款，根据损害发生的地点，规定绝对责任[①]或基于过错的责任[②]。第四条规定了发射国之间承担共同责任的条件[③]。

根据上述提及的条款可以评估，如果损害发生在地面或空中，发射国负有绝对赔偿责任，这意味着受害国不必证明任何过错就可以向发射国提出索赔。但是，如果损害发生在地面和空中以外其他地方，只有在能够证明发射国存在过错并且该过错是造成损害的原因时，才能确定发射国负有赔偿责任。因此，受害国必须证明过错和因果关系，同时具备确定责任方的能力。以下阐述仅适用于轨道上发生的损害。

1. 过错

《责任公约》没有定义过错的概念，因此有必要借助其他概念在空间碎片风险背景下理解这一概念。

---

① 《责任公约》第二条：发射国应对其空间物体在地面或飞行中的飞机造成的损害负有绝对赔偿责任。

② 《责任公约》第三条：如果一个发射国的空间物体，或其所载人员或财产在地面以外的地方受到另一个发射国空间物体的损害，只有在损害是由于后者或其负责人过失造成时，该国才承担相应责任。

③ 《责任公约》第四条：①如果一个发射国的空间物体在地面以外的地方对另一发射国的空间物体或该空间物体上的人或财产造成损害，并因此对第三国或其自然人或法人造成损害，则前两个国家应在下列范围内共同或单独对第三国负责任。(a) 如果损害是在地面或飞行中的飞机上对第三国造成的，它们对第三国的责任是绝对的；(b) 如果损害是在地面以外的地方对第三国的空间物体或该空间物体上的人或财产造成的，则它们对第三国的责任应基于前两个国家中的任何一个国家的过失或所属负责人员的过失。②在本条第 1 款所述的所有连带责任的情况下，损害赔偿的责任应根据前两个国家的过失程度在它们之间分摊；如果不能确定每个国家的过失程度，赔偿责任应在它们之间平均分摊。这种分摊不应影响第三国向任何或所有负有连带责任的发射国要求本公约规定的全部赔偿的权利。

第7章　在空间碎片问题背景下的空间活动风险评估

　　《外层空间条约》第三条规定了运用国际法促进国际合作的可能性。①因此，我们可以将国际法强调的概念应用于空间活动。此后，国际法使用"国际不法行为"的概念。违反国际义务的行为表现为因行动或弃权行为而导致的失败；这种行为可以被认定为国家赤字。国际法委员会关于国家对国际不法行为的责任的条款草案第十三条规定，除非一国在行为发生时受某项国际义务的约束，否则国家的行为不构成违反国际义务。因此，它可以是一种习惯或常规规范，因为国际公法中没有规范的等级制度。然而，主要问题将与对这一概念的解释有关。因此，当出现关于一个国家是否违反了主要规则所规定的义务问题时，有必要对某些要点提出疑问。②

　　如果将这一概念应用于空间法，尤其是空间碎片相关的法律方面，首先必须确定当事国是否负有任何与空间碎片有关的国际义务。当前，在这个问题上没有任何解决争端的办法，我们必须依靠手头的各种工具，特别是类似于联合国和平利用外层空间委员会（COPUOS）或机构间空间碎片协调委员会（IADC）③的国际组织的指南和其他工具。这些工具具有一定的价值④，可以作为判定是否违反义务进而判定是否存在不法行为的依据。

　　空间研究委员会（COSPAR）的《行星保护政策》也可以作为一个例子。这项政策对不同的空间任务进行了分类。因此，根据任务所属的类别，建议运营商遵循一定数量的保护措施，如制定轨道规划、发射后报告、有机物清单等。当损害发生时，明智的做法是检查运营商是否遵守了空间研究委员会文件中所载的措施。

　　为此，有必要从一个假设开始，即一项义务对国家有影响，国家本应根据其可支配的工具，监督其私人行为者的行动，而他们却没有履行这项义务。这将构成不法行为。

　　我们在评估任何国家责任时可能讨论和依赖的另一个概念是习惯。这方面的旗舰文件仍然是联合国和平利用外层空间委员会《空间碎片减缓指南》[3]。但是，它属于软法范畴，不具有约束力。因此，这里出现的问题是，考虑到大多数国家法律强调限制空间碎片的环境维度，这一软法作为大多数国家通过本国法律实施的授权和许可机制，是否会产生关于避免空间碎片的习惯法。

　　为评估一项实践是否已成为一种"习惯"，以及这种习惯所附带的所有结

---

①《外层空间条约》[4]，1967年，第三条"本条约缔约国应遵照国际法，包括《联合国宪章》，进行探索和利用外层空间的活动，以维护国际和平与安全，促进国际合作与谅解"。

② 国际法委员会，2001年，关于国家对国际不法行为的责任的条款草案[5]。

③ 第三条（过失责任）LIAB 科隆空间法评论第二卷[6]。

④ 2011年3月31日"关于适用2009年6月9日'关于适用2008年6月3日空间作业法而颁发的授权法令的技术条例命令'"，第26条和43条。

果，有几个标准需要满足。

（1）实践必须是国家的、经常的和普遍的。普遍趋势倾向于空间碎片的限制。各国依靠 IADC 指南来做到这一点。

（2）法律确信。这方面有时难以界定，但就空间碎片而言，接受限制空间碎片原则约束的愿望可能很容易证明，因为国家法律会直接或间接提及 IADC 指南。

（3）与实践相关的心理因素。各国的实践也证实了这一点，这些国家越来越倾向于限制空间碎片的产生。一些国家甚至进一步制订了清理外层空间的计划。

未来上述声明应在最终争议解决时予以确认或不予确认。

国际法中还有另一个可用于评估过错的概念，称为"尽职调查"。"尽职调查"是指一个国家为避免损害产生而采取必要措施。因此，可以确定一个国家没有采取必要措施来避免空间碎片产生的过错。在习惯法基础上，我们面临着采取必要措施来保护空间环境的一种义务，如果大多数国家都这样做，这种义务就可以产生普遍共识。

《外层空间条约》第四条确立了"妥为顾及"原则[6]。各国在开展活动时必须履行合作和援助义务，同时考虑到其他国家的利益。上面提到的工具只是实现了这一条。在这方面必须强调的是，美国、中国和印度从地球上发射导弹主动摧毁各自卫星之后，各国并没有进一步深化这一概念。

在轨道上发生损害的情况下，根据国际条例评估赔偿责任的第二个重要概念是过错与损害之间因果关系的概念。

2. 因果关系

如上所述，空间运营商只有在其犯下过错并且该过错对第三方造成损害时，才需要承担责任，这称为因果关系。考虑到空间环境，证明这一关系并不容易。事实上，在某些情况下，可能会出现连锁反应，在这种情况下可能会涉及多个国家或运营商，因此，评估原始过失与损害之间的联系变得很困难。

3. 谁负责

这里的问题是确定在空间碎片造成损害的情况下可承担责任的实体。这是一个关键问题，因为有时很难甚至不可能确定责任实体。《责任公约》要求"发射国"承担责任，并规定了发射国的定义。①

在将这一点应用于空间碎片时，意味着不仅应监测碎片，而且还应确定发射国。由于某些碎片的大小原因，在某些情况下可能无法确定其发射国。

---

① 《责任公约》[2]第 1.c 条："发射国"一词是指发射或促使发射空间物体的国家；从其领土或设施发射空间物体的国家。

关于在轨道上发生的损害，虽然在国际层面有一些法律依据可以用来证明过错，但由于在这一问题上没有任何判例法，我们今天很难准确评估各国在空间碎片风险方面可承受的风险敞口和责任水平。

7.2.1.2 国内空间立法的应用

大多数国家空间立法都规定了授权或许可程序。根据这一程序，希望获得授权的运营商应遵守国家规定的要求。大多数空间立法未对空间碎片进行这种评估，但运营商仍应满足减缓标准。一些国家制定了空间运营商应遵循的碎片减缓标准。[7]

由于没有专门的、具有约束力的空间碎片国际条例，国家和国际空间机构制定了一些适用于私营实体的行为准则，但不是强制性的。以下是一些例子：

（1）NSS-1740.14《限制轨道碎片的指南和评估程序》——1995年，美国国家航空航天局（NASA）。

（2）NASDA-STD-18《空间碎片减缓标准》——1996年，日本国家空间开发厅（NASDA）。

（3）RNC-CNES-Q40-512《空间碎片收集、方法和程序安全要求》——1999年，法国航天局国家空间研究中心（CNES）。

（4）《欧洲行为准则》——2004年，欧洲航天局（ESA）。

然而，为了制定更具约束力的立法，法国《空间作业法》①在其《技术条例决定》②中直接提到了空间研究委员会的《行星保护政策》③。

7.2.2 与空间碎片有关的风险

由于空间碎片在外层空间的速度较大，不管碎片大小，哪怕是相对较小的碎片也可能造成损害。空间碎片由空间机构监测，根据统计模型估计，在轨碎片物体数量为：34000个大于10cm的物体；90万个1～10cm的物体；1.28亿个1mm～1cm的物体[8]。

有一些风险与空间碎片的演变有关，并造成与活跃空间物体（卫星或国际空间站，如果是后者则更糟糕）碰撞的风险，但也有一些风险与碎片经过大气层返回地球有关。在地面发生空间碎片事故的历史非常有限。当然，1979年在加拿大北极坠毁的"宇宙"954号是众所周知的重返地球事件，幸好它没有对当地居民造成伤害。然而，这次坠落导致了核泄漏，苏联和加拿大为此进行了

---

① 2009年6月3日关于空间作业的第2008-518号法律，第4条，2009年6月9日关于适用2008年6月3日空间作业法授权的第2009-643号政令，第1章。

② 2011年3月31日关于适用2009年6月9日第2006-43号法令的技术条例的命令，该法令涉及适用2008年6月3日关于空间作业的第2008-518号法律而颁发的授权。

③ 第二十六条和第四十三条。

谈判，以协调损害和赔偿事宜。关于人身伤害，迄今为止，只有一人于 1997 年（1 月 22 日）在公园行走时被一个 15cm 的空间碎片击中。在这个事件中，相关方既没有向国家司法机构提起诉讼，也没有向国际仲裁法院提起诉讼。

据估计，目前航天器与 1cm 以上碎片碰撞的风险大约是每 3 年或 5 年就会发生一次（可能导致航天器完全损毁并产生新的碎片）。此外，空间中大约有 75 万个危险碎片。随着卫星星座项目的扩散和新运载火箭的出现，未来 10 年将有 1000 颗以上的卫星按计划发射；如果不采取任何措施改变目前的做法，碎片的数量预计将以更大的比例增加，这将增加碰撞的风险。在这种情况下，空间部门的行为者将不得不重新评估其对碰撞造成的潜在损害的风险敞口，特别是保险公司界的风险敞口。这就是为什么要在国际法律框架内考虑控制这种风险的措施。

前文中简要阐述了与空间碎片可能造成的损害有关的风险。然而，由于与碎片清除有关的项目激增，与这类项目有关的风险也需要分析。

7.2.3　与碎片清除项目有关的风险

有几个项目与空间碎片清除有关。这些项目也带有了该项任务固有的一些风险。这些项目可能包括使用一颗服务卫星，使一颗不工作的卫星脱离轨道或将其清除，甚至清除外层空间的轨道碎片，这会造成什么样的损害呢？

在清除任务开展过程中，执行碎片清除的卫星可能因各种原因而受损。这可能是由于内部故障或与另一颗卫星碰撞，甚至与要清除的卫星碰撞。在这种情况下，卫星运营商可能会因其卫星受到损害而承受损失。

作为被清除对象的卫星也可能因任务而受损，如对接阶段没有按标称执行。在这种情况下，问题在于了解被清除卫星的运营商/所有者是否因其卫星遭到损害后承受损失。对于不工作的卫星，我们可能会有一些疑问，因为很难评估其所有者/运营商的任何应赔偿损失。

在轨道上或地球上，也可能存在对第三方造成损害的风险。事实上，清除任务可能不是按照标称执行，可能会与在轨活跃卫星发生碰撞。在这种情况下，可要求执行清除的卫星运营商或被清除卫星的所有者/运营商承担责任，但只有在能够证明一方或双方运营商存在过错的情况下才能如此。该任务还可以包括使一颗不工作的卫星脱离轨道，并在再入大气层时燃烧殆尽。在这种情况下，执行再入的卫星和被清除的卫星都可能对地面或空中的第三方造成损害。在这种情况下，根据《责任公约》，第三方受害人不需要证明任何过错。此外，根据《责任公约》，受害者可以向双方发射国提出索赔。

由于执行任务期间受到干扰而造成的一些损害也可以考虑。在这种情况下，有必要恢复适用的干扰规制，以便能够提出索赔。

根据上述发展情况，我们看到空间碎片存在一些固有的风险，现在的问题是确定是否有可能将这些风险转移到空间保险市场。

7.3 面向保险市场的风险转移

随着空间活动日益私有化，准确确定与这些活动相关的责任问题非常关键，同时也要确保空间项目的经济安全。因此，保险已成为开展这些活动的一个主要议题。

虽然保险市场在陆、海、空运输等其他部门积累了长期而丰富的经验，但空间活动的特殊性涉及对传统保险进行重大调整，甚至引入了新的保险做法。

在评估将空间保险应用到空间碎片之前，有必要了解现有的空间保险覆盖范围。

7.3.1 现有的空间保险覆盖范围

为了能够执行一个空间项目，需要一定数量的参与者。这些参与者承担着其所特有的风险。因此，对于风险的各个阶段，包括制造、储存、运输、发射、卫星运行，每个参与者都有明确的责任。这些责任与保险解决方案有关，在某些情况下，保险解决方案是专门针对与空间有关的风险而设立的。

空间保险的发展与卫星发射和运营活动的私营化与商业化同时进行。这一发展不仅涉及地面或外层空间卫星或发射器的损害保险，还涉及空间运营商、制造商、设备制造商、供应商等的责任保险。一般来说，空间保险主要有两类，即面向空间资产的第一方财产损失保险和对第三方造成损害的空间责任保险。

7.3.1.1 财产损失保险

传统上，在面向空间资产的第一方财产损失保险的范围内，应计算：地面、发射期间和轨道寿命期间三个阶段的风险。在这些阶段，投保人、风险、担保和保险公司都不一样。

我们将把重点放在发射和在轨阶段，而不是地面阶段，因为在地面阶段，与空间碎片有关的风险是不相关的。

"发射"保险单自空间物体发射起开始生效，也就是当发射被认为不可逆转时。在这一发射阶段，只有卫星被承保，运载火箭和其他航天飞机不直接投保。

在空间物体的轨道运行阶段，从发射结束到合同寿命结束，卫星保险（主要是商业卫星）都可以覆盖。

这种第一方财产损失保险的期限从几天到一年或几年不等，甚至覆盖卫星的整个寿命周期。对于发射和在轨运行阶段，卫星被投保任何全部、部分或推定损失。这些第一方财产保险的目的是，根据这些保单中规定的损失公式，涵盖在保险期内发生的任何控制、破坏、无法到达指定轨道的损失情况，以及卫星运行能力或寿命降低的情况。①

原则上，发射和在轨保单是在全险的基础上承保的，这就是它们被称为"负责之外的全险保单"的原因。因此，保险公司只能援引保单中明确规定的免责条款来取消担保。因此，应由保险公司来证明某项免责条款的适用而不是由被保险人证明其损失已承保。

这些面向空间资产的第一方财产损失保险如今已被很好地掌握，但它们需要适应正在开发的新技术和新项目，如卫星星座、新运载火箭或碎片清除。

除第一方财产损失保险外，还有空间责任保险。

7.3.1.2 第三方责任保险

对于预定空间活动对第三方造成的损害，卫星发射和在轨运行包含高度的责任风险。因此，国际社会首先关注的是与发射有关的风险，以及由于运载火箭上面级再入而对地球造成损害的可能性。这些关切引发了《外层空间条约》和《责任公约》的起草和通过，后者专门处理发射国对空间物体造成损害的责任问题。除这些案文外，根据《责任公约》认定的应承担国际责任的发射国，已决定就此问题进行立法，某些国家的法律要求空间运营商为涉及其责任的风险以及发射国的风险进行投保。

因此，责任保险单在对可能的责任索赔做出响应时，不仅要参照国际条约特别是《责任公约》规定的责任制度，还要参照相应的国家立法。

从概念上看，空间作业参与者的第三方责任主要有与航天器运行有关的民事责任和空间产品的第三方责任两类。后者由制造商、设备制造商、供应商承保，以防因产品交付后的缺陷而对第三方造成损害。

空间物体第三方责任保险涵盖承保人因空间承保活动对第三方造成损害的责任所产生的财务后果。在目前的市场状况下，这些保险的保额可高达 7.5 亿美元。这些保险适用于发射和在轨阶段。传统上，这些保险由空间运营商（发射机构或卫星运营商）投保，发射国被指定为附加被保险人，这意味着如果第三方决定对发射国提出索赔，它们将从保险覆盖中受益（在担保金额、条件和免责方面）。发射操作的所有参与者（包括运载火箭和卫星的制造商，以及任何级别零部件的所有分包商和供应商）通常也在此类保险覆盖范围内。

---

① 损失情况如下：完全损失是指卫星完全丢失或毁坏或不能在一定时间内到达其预定轨道位置的情况；推定全损是指卫星的运行能力与其标称能力相比，超过了一定的损失百分比，但不能宣布该卫星为全损；部分损失是指卫星部分损失，但不能宣布为推定全损的情况。

如果存在相应法律条款，保险覆盖范围将根据法律条款而有所不同，如果不存在相应法律条款，则根据运营商对风险的理解而有所不同。与此风险相关的保费是由保险公司根据承保活动的各种要素进行风险敞口分析之后确定的，相关要素包括使用的发射地点、发射轨迹、影响区域的细节、备份和安全程序、运营商和制造商损失历史、发射机构的经验、卫星的技术细节，以及轨道定位和规划的机动等。这些保险的价格变化不大，这类风险的保险费率相对较低。值得注意的是，一场重大灾难可能产生巨大的影响，甚至极大地影响这些保险的条款和条件。在这些保险消失的情况下，各国必须考虑这一点。因此，投保人必须尽可能地保护自己，通过包含放弃追索权和其他免责保护的合同条款，允许他们减少或免除其责任。

7.3.2 应用到空间碎片领域

随着越来越多不同大小的碎片在空间轨道上运行，它们可能造成的损害问题日益受到关注。我们现在将试图回答的问题是：是否有任何适用于空间碎片的保险计划，以及这种保险将在多大程度上涵盖上述碎片造成的损害？

7.3.2.1 财产损失保险

本节将讨论两个问题：第一个是涉及碎片对工作中的卫星造成财产损失的情况下可能的保险赔偿；第二个是对执行清除任务的卫星或作为清除任务对象的卫星造成的任何损失的赔偿。

1. 碎片对正常工作卫星造成的损害

私营/商业卫星运营商通常为其卫星购买发射和在轨保险。如 7.3.1.1 节所述，如果在保险合同有效期内发生损失或故障，这些保险将在"全险"的基础上覆盖被保险卫星。由此产生的问题是，这种保险是否涵盖空间碎片对被保险卫星造成的任何损害。传统上，这类保险对空间碎片造成的损失不免责。因此，这些第一方财产保险旨在涵盖此类损失，并在卫星被碎片破坏时保证对其运营商进行赔偿。

为了说明第一方财产保险涵盖了空间碎片造成的损害，我们可以参考空间碎片对厄瓜多尔的立方星造成损害的例子。该卫星于 2013 年 4 月发射，同年 5 月，它与运载火箭箱体碎片相撞[9]。由于这颗卫星在发射阶段购买了第一方财产损失保险，因此，厄瓜多尔航天局（EXA）可以获得卫星损失赔偿。①

因此，除满足免责条件外，空间保险市场为被保险卫星因空间碎片造成的损害提供保险。尽管如此，我们必须指出，保险公司在评估风险和计算相应的

---

① 厄瓜多尔航天局称，其已经向保险公司提出了适当的索赔，该公司已经接受并进行了相应的付款。根据厄瓜多尔航天局消息[10]，保险付款使厄瓜多尔能够收回建造和发射 Pegaso 的近 80 万美元的投资。

保险费率时,正在考虑空间碎片造成损害的潜在风险敞口。这种情况在未来可能会演变,保险公司可能会更密切地分析与空间碎片有关的风险,这是源于2019年空间保险市场的负面结果。

2. 执行清除任务期间的损害

如7.2.2节所述,执行碎片清除任务的卫星在执行任务过程中可能会受到损害。根据现有的第一方财产保险,可以将这类卫星纳入上述保险范围。然而,由于卫星的技术规格和特定任务,上述保险肯定需要对条款、条件和保险费率进行调整。

至于待清除卫星上发生的损害,为了确定可能的保险,应首先评估被清除卫星的所有者或运营商在其卫星被清除时是否受到损害。如果涉及的是一颗无法正常工作的卫星,那么运营商很难证明有任何损害。如果所涉及的是一颗仍在工作的卫星,则运营商可根据卫星剩余价值的证明,为其卫星购买第一方财产保险。在这种情况下,条款、条件、保险费率将由卫星所有者或运营商与保险公司协商确定;由于任务性质特殊,后者可能希望有特定的条件和保险费率。

在讨论了第一方财产保险在空间碎片风险中的应用之后,下面讨论现有空间第三方责任保险的应用情况。

7.3.2.2 第三方责任保险

本小节首先概述空间第三方责任保险在空间碎片造成损害情况下的适用情况,然后阐述其在碎片清除项目方面的适用情况。

1. 第三方责任保险和空间碎片造成的损害

第三方责任保险只有在可以要求被保险人承担责任的情况下才能启动。这就是为什么这类保险的适用与证明当事方在损失来源责任的能力有关的原因。当损害发生在轨道上时,这就成为一个问题,因为这时需要根据《责任公约》证明过错。

另一个重要问题是,当第三方受到损害时,保险应生效。当与空间碎片风险相关时,这是一个关键问题。按照标准,本保险的投保期限最长为12个月,并应每年续保。根据第三方责任保险投保工作,如果投保空间物体在该保险有效期内成为空间碎片并对第三方造成损害,除非满足免责条件,该保险应能为空间运营商提供一定的保险覆盖。但是,如果一个空间物体成为碎片,而保险已经到期,除非运营商购买了特定的碎片保险①,否则就没有有效的保险来承担运营商碎片造成损害有关的经济责任。

---

① 专门的空间碎片责任保险在少数保险公司可以买到,而且保险金额很低。

到今天为止，虽然有几例碎片在轨道上造成损害的案例[①]，但还没有应用第三方责任保险的情况。

关于在地面或空中造成的损害[②]，根据国际条例，有一种绝对责任制度，根据该制度，无须证明任何过错即可要求赔偿。在这情况下，将有助于触发第三方责任保险。到今天为止，我们可能会在传统保险市场上发现一些专门针对碎片的保险，如碎片重返地球的保险。保险公司对由于空间碎片造成损害的受害者进行赔偿的案例很少（机密的），不过这些案例对于评估任何标准都不重要。

2. 服务卫星执行碎片清除任务背景下的第三方责任保险

首先要问的问题是谁可能为这些任务投保。我们认为，执行清除的卫星运营商最有可能为其任务投保，要么因为国内法规规定其存在法律义务，要么因为运营商希望为自己投保，要么因为国家与执行清除的运营商达成某种协议。

我们怀疑待清除卫星的运营商会为清除任务投保，因为它是一颗不工作的卫星，除非有任何法律义务要求运营商这样做。

第二个问题是可以赔偿哪些损失。基本上，保险将覆盖因被保险任务而对第三方造成的损害。但是，本保险不会对清除服务卫星对待清除卫星造成的损害负责，也不会对未执行或不当执行清除服务的情况负责，除非不当执行导致第三方损害。

因此，我们可以假设，空间第三方责任保险将在第三方受到损害的情况下为碎片清除任务提供保险，问题是要知道保险市场是否愿意以标准条款、条件和价格提供此类保险，还是会提出特殊的条件和价格。

图 7.1 对可能的空间碎片保险进行了总结。该图概述了现有空间保险可在多大程度上覆盖空间碎片损害。

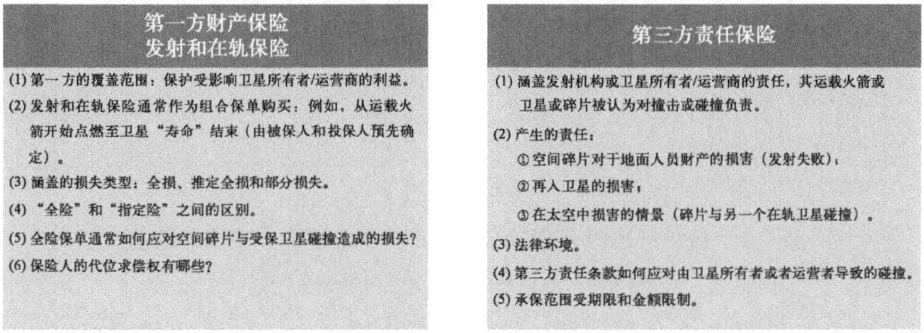

第一方财产保险 发射和在轨保险	第三方责任保险
(1) 第一方的覆盖范围：保护受影响卫星所有者/运营商的利益。 (2) 发射和在轨保险通常作为组合保单购买；例如，从运载火箭开始燃至卫星"寿命"结束（由被保人和投保人预先确定）。 (3) 涵盖的损失类型：全损、推定全损和部分损失。 (4) "全险"和"指定险"之间的区别。 (5) 全险保单通常如何应对空间碎片与受保卫星碰撞造成的损失？ (6) 保险人的代位求偿权有哪些？	(1) 涵盖发射机构或卫星所有者/运营商的责任，其运载火箭或卫星或碎片被认为对撞击或碰撞负责。 (2) 产生的责任： ① 空间碎片对于地面人员财产的损害（发射失败）； ② 再入卫星的损害； ③ 在太空中损害的情景（碎片与另一个在轨卫星碰撞）。 (3) 法律环境。 (4) 第三方责任条款如何应对由卫星所有者或者运营者导致的碰撞。 (5) 承保范围受期限和金额限制。

图 7.1 与空间碎片背景有关的第一方财产和第三方责任保险合同

---

① 如 2009 年发生的"铱星"星座的一颗运行卫星"铱星"33 与俄罗斯"宇宙"2251 废弃卫星之间的碰撞。

② 如 2011 年 12 月 23 日发射的"子午线"5 号卫星，在发射后几秒就终止了，碎片落在西伯利亚的新西伯利亚州。

7.4 空间保险的可能发展

前面几节强调了一个事实,即保险市场已经为空间碎片造成的损害提供了一定的保险覆盖,但随着空间碎片的增加和碎片清除项目的发展,保险市场在为此类碎片清除项目发展提供支持方面还有进步空间。

在阐述保险公司的某些发展路径之前,必须进行简短的市场回顾。

7.4.1 空间保险市场概述

2019年是空间保险市场的亏损年份,累计损失不到8亿美元,保费达4亿美元(图7.2)。由于这些糟糕的结果,一些保险公司决定退出空间风险市场①,其他一些保险公司则强化了其条件,包括提高保险费率,而另外一些保险公司则减少了其参与度。

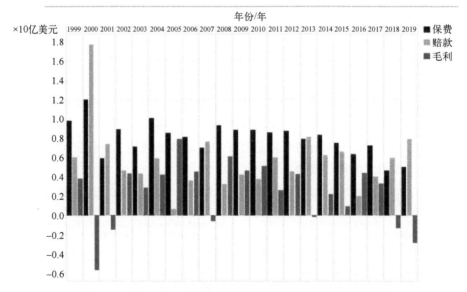

图7.2 1999—2019年保险公司每年挣得的保费和支出的赔款

(资料来源:AON ISB Q1 2020年市场报告[12])

尽管有这些糟糕的结果,我们还没有看到覆盖空间碎片的任何强化条件,但我们希望保险公司在评估风险时更密切地关注碎片风险。

---

① 负责企业保险部门的瑞士再保险公司董事会成员Andreas Berger说,作为对亏损部门进行整顿的一部分,该公司将减少对太空行业的风险敞口[11]。

7.4.2 保险支持：思路

本节将探讨保险公司如何支持空间碎片清除甚至补救项目的方法。

（1）必须指出，我们无法预测保险市场的反应，因为在损失强度和频率方面，空间碎片的风险敞口情况将变得非常具体。因此，我们认为，可以通过一项专门的空间碎片条例使保险公司能够了解其风险敞口的程度。一项条例将有助于起草专门适用于该条例的保险单。保险供应商欢迎制定碎片减缓要求、指南和做法，因为这将为保险环境提供更高的确定性。

（2）我们可以探讨是否可以由保险公司提出一个专用于碎片清除任务的完整保险计划，如包括第一方财产保险和第三方责任保险的全险。这样做的好处是，可以提供一整套专门的条款、条件和适合此类任务的保险费率。

（3）我们可以设想这样一种情况，即保险公司通过降低（第一方财产保险和第三方责任保险）保费等方式，对遵守空间碎片减缓指南的空间运营商给予某种激励。在这种情况下，承保人将在遵守空间碎片减缓、清除指南方面以"优秀带头人"的身份获得某种奖励。

（4）可以遵循的途径是建立一个共同保险基金，该基金由空间运营商提供资金，专门用于应对空间碎片风险。它可以采取国际基金的形式，其目的是对那些无法识别的空间碎片造成的损害进行赔偿，无论这些损害是发生在地面还是在外层空间。一些专家提出由空间界承担基金费用的想法，通过为每个要发射的物体规定参与的义务，这种贡献也可以以参与的空间运营商要遵循的碎片减缓计划为基础。[13]

（5）除了对保险范围进行严格的调查，还有一种法律和合同制度可以限制保险公司的风险敞口，从而降低保费。这种制度通常称为"交叉免责并使其免受损害"。在合同关系中使用上述条款会限制空间运营商对其合同方和第三方承担的责任，因为其责任全部或部分由其合同方承担。空间行为者之间的合同惯例也有利于保险公司将其风险敞口限制在承保人责任有限的程度。

（6）还有另一种对空间运营商的保护有待探讨，即国家责任的适用度高于一些国内空间条例规定的授权运营商的责任上限。①根据这些规定，授权国同意承担其授权运营商特定责任上限（有时与保险义务相关）之上的责任。在这种情况下，空间运营商不承担超出自身上限的任何责任，将依靠国家对最终的受害者进行赔偿。我们可以考虑将这一机制扩大到空间碎片造成损害

---

① 例如，2008年6月3日，法国关于空间行动的第2008-518号法律[14]；英国的《2018年航天工业法案》[15]；美国的《美国商业航天发射竞争力法案》。

的情况（高于或不高于某一责任上限），并让国家对这类风险承担责任。作为一种补充，为了使国家不完全暴露于风险之中，可以设立一个保险基金，以覆盖国家的责任。

7.5 本章小结

如今，空间碎片带来的风险越来越大，让运营商看到其责任最终受到威胁。尽管空间碎片在地面或在轨道上造成损害的例子非常有限，而且即使实际的空间制度没有为在轨碰撞的索赔提供太多的空间，但风险是真实的。空间碎片的增加自然增加了碎片造成损害的风险。

如今，空间碎片风险部分转移到了保险市场，从而保护了空间产业。但我们认为，制定一项专门针对空间碎片的法规将在碎片责任的法律环境中为保险公司提供一些安慰，并将有助于其能够根据适当的法规提供适用的保险解决方案。

目前，空间保险界正在为空间碎片造成的损害提供一些保险解决方案，但可以考虑采取适应性更强的解决方案，以便为碎片减缓或清除项目提供更好和更强的保护。

缩略语

CNES　French Space Agency Centre National d'Etudes Spatiales　法国航天局国家空间研究中心

COSPAR　Committee on Space Research　空间研究委员会

ESA　European Space Agency　欧洲航天局

EXA　Ecuador's Space Agency Agencia Espacial Civil Ecuatoriana　厄瓜多尔航天局

IADC　Inter Agency Space Debris Coordination Committee　机构间空间碎片协调委员会

NASA　National Aeronautics and Space Administration　美国国家航空航天局

NASDA　National Space Development Agency of Japan　日本国家空间发展局

COPUOS　Committee on the Peaceful Uses of Outer Space　联合国和平利用外层空间委员会

词汇表

绝对责任：不要求证明有过错的责任制度。

空间物体：部分或全部在轨道上运行的空间物体。
全险：包含保单指定风险以外一切风险的保险单。
授权：当局允许开展空间活动的行为。
交叉免责：合同方同意不对其共约方提出索赔的条款。
习惯：国家实践产生的国际法渊源。
碎片清除任务：通过将碎片移至坟墓轨道或返回大气层以清除空间碎片的空间活动。
尽职调查：国家为避免侵权行为而采取的必要措施。
基于过错的责任：要求证明损害、过错和因果关系的责任制度。
第一方财产保险：覆盖投保资产发生损失的保险。
保持不受损害：合同方承诺承担其共约方部分或全部责任的条款。
在轨保险：发射阶段之后和在轨寿命期间的第一方财产保险。
国际不法行为：违反国际义务。
发射保险：发射阶段的第一方财产保险。
《责任公约》：关于空间物体造成损害的国际责任公约。
新空间：私营部门倡议的新空间工业。
《外层空间条约》：关于各国探索和利用包括月球与其他天体在内外层空间活动原则的条约。
风险评估：分析空间活动中存在的风险。
空间保险市场：提供空间保险的保险公司集体。
第三者责任保险：覆盖承保活动对第三方造成损害后果的保险。

延伸阅读

Hall, G. E. (2007). *Space debris—an insurance perspective.* Proceedings of the Institution of Mechanical Engineers, Part G: Journal of Aerospace Engineering 221.6 : 915–924.

Chrystal, P., McKnight, D., Meredith, P., Schmidt, J., Fok, M., Wetton, C. (2011). Space debris: On collision course for insurers? *Swiss Reinsurance Co. Publ.*, Zurich, Switzerland.

Masson-Zwaan, T., Hofmann, M. (2019). *Introduction to Space Law*. 4th Edition, Wolters Kluwer.

Smirnov, N. N. (2001). *Space Debris: Hazard Evaluation and Debris*, Earth Space Institute Book Series 6 (English Edition). CRC Press.

参考文献

[1] Secretariat of the United Nations. *Treaty on Principles Governing the Activities of States in the Exploration and Use of Outer Space, including the Moon and Other Celestial Bodies, 10 October 1967*, volume 610. United Nations Treaty Series (UNTS), 1967.

[2] Secretariat of the United Nations. *Convention on International Liability for Damage Caused by Space Objects, 1 September 1972*, volume 961. United Nations Treaty Series (UNTS), 1972.

[3] United Nations Office For Outer Space Affairs (UNOOSA). *Space Debris Mitigation Guidelines of the Committee on the Peaceful Uses of Outer Space*, volume 9-88517. United Nations, 2010.

[4] Secretariat of the United Nations. *Treaty on Principles Governing the Activities of States in the Exploration and Use of Outer Space, including the Moon and Other Celestial Bodies, opened for signature in Washington, London and Moscow, 27 January 1967*, volume 610. United Nations Treaty Series (UNTS), 1967.

[5] International Law Commission (ILC). *Draft Articles on the Responsibility of States for Internationally Wrongful Acts, Report of the ILC on the Work of its Fifty-third Session, UN GAOR, 56th Sess, Supp No 10*, volume UN Doc A/56/10. United Nations, 2001.

[6] Stephan Hobe, Bernhard Schmidt-Tedd, Kai-Uwe Schrogl, and Peter Stubbe. *Cologne Commentary on Space Law: Rescue Agreement, Liability Convention, Registration Convention, Moon Agreement*, volume 2. 2013.

[7] H. Ijaiya. Space debris: Legal and policy implications. *Environmental Pollution and Protection*, 2(1):25–26, 2017.

[8] European Space Agency. "Space Debris by the Numbers". Information correct as of January 2019, (accessed in December 2019). . https://www.esa.int/Safety_Security/Space_Debris/Space_debris_by_the_numbers.

[9] I. Caselli. "Ecuador Pegasus satellite fears over space debris crash". BBC News (24 May 2013): . https://www.bbc.com/news/world-latin-america-22635671.

[10] The San Diego Union-Tribune. "Ecuador writes off ill-fated satellite". the San Diego Union-Tribune (6 September 2013). https://www.sandiegouniontribune.com/en-espanol/sdhoy-ecuador-writes-off-ill-fated-satellite-2013sep06.-story.html.

[11] C. Cohn and T. Sims. "Space insurance costs to rocket after satellite crash". Reuters (31 July 2019). https://fr.reuters.com/article/companyNews/idUKL8N24V2MT.

[12] International Space Brokers. AON ISB Q1 2020 Market Report. https://www.aon.com/industry-expertise/space.jsp, 2020.

[13] Frans von der Dunk. Space debris and the law. *Proceedings of the 3rd European Conference on Space Debris, ESOC, Darmstadt, Germany, 19 - 21 March 2001 (ESA SP-473, August 2001)*, 2001.

[14] Secrétariat général du gouvernement (SGG). "LOI n° 2008-518 du 3 juin 2008 relative aux opérations spatiales (1)". NOR: ESRX0700048L, Légifrance.gouv.fr. https://www.legifrance.gouv.fr/affichTexte.do?cidTexte=JORFTEXT000018931380.

[15] The National Archives on Behalf of HM Government. "Space Industry Act 2018". https://www.legislation.gov.uk/ukpga/2018/5/contents/enacted.

第8章　空间部门的弹性及其治理方法

Olga Sokolova，Matteo Madi

历史上，对空间危害的公众认知仅限于执行空间科学任务的国家。传统上，技术系统的风险评估方法是建立在特定部件对不良事件引起功能丧失的脆弱性识别基础上。随后的风险管理侧重于将特定部件加固到可接受的风险水平，以防止整个系统故障。新空间部门的快速发展对该部门的弹性概念提出了挑战。此外，数据和信号不断增长的体量和种类影响了下游（地基）系统的可靠运行。"空间范式转变"导致越来越多的不确定性和相互依赖性。本章就弹性空间基础设施评估向利益相关方提出问题，包括描述评估和调整量化指标的方法，以及如何管理空间碎片风险。本章还介绍了基础设施故障相互影响的场景，对潜在损失的评估提高了利益相关者对风险减缓努力重要性的认识。详细的研究表明，"零风险水平"是不存在的。风险评估对于设计减缓方案很重要，因为风险评估为规划和分配有限的技术、财务和其他资源提供了基础。

8.1　将天基资产作为关键基础设施：基础设施相互影响的灾难场景

多年来，只有几个通信点的垂直集成地面系统变成了在多个维度存在多个交互点的复杂水平集成系统[1]。新空间的发展使情况更加复杂。关键业务参与者数量和技术能力的增长增加了系统建模、分析和操作的复杂性。新的空间业务模式转变促使地面基础设施更加依赖于不同用途空间资产的可靠和高质量运行。反过来，这又扩大了它们之间相互依赖的程度。

几乎所有关键基础设施都依赖于空间资产的可靠运行。然而，随着时间的推移，关键基础设施的定义发生了变化；此外，各国对其定义也有所不同。"关键基础设施"的第一个正式定义是在第13010号行政命令[2]中给出的，并被描述为至关重要的，以致其能力丧失或破坏将对国防或经济安全产生削弱性影响。后来在2001年《爱国者法案》[3]中，其被重新定义为对美国至关重要的系统和资产，这些系统和资产不管是物理的还是虚拟的，它们的失效或破坏都将对国家安全、经济安全、国家公共卫生或安全，或这些事项的任何组合产生削弱性影响。尽管部门数量随着时间的推移而变化，但定义仍然不变。经济合作与发展组织（OECD）将关键基础设施定义为为经济和社会福祉、公共安全以及履行关键政府职责提供重要支持的基础设施，这些基础设施的中断或破坏将导致灾难性和深远的损害[4]。欧盟委员会制定了关键基础设施保护的总体政策方法和框架，并将关键基础设施指定为物理和信息技术设施、网络、服务和资产，这些设施、网络、服务和资产如果遭到破坏，将对欧盟国家公民的健康、安全、安保、经济福祉或政府的有效运行造成严重影响。

几乎所有的航天国家都在法律上定义了关键基础设施，并给出了相应的部门列表。在拥有全面发射能力的活跃参与者中，只有俄罗斯没有相关定义。然而，Sokolova, O.和Popov, V.[5]根据2009年5月12日通过的"国家保护战略"和"俄罗斯经济和关键技术前景领域清单"（2011年7月7日第899号命令）、"2015年2月8日骨干企业清单"提出了这一定义。尽管关键基础设施的定义看起来相似，但也存在某些差异。目前，空间工业与其他10个部门一起被列入欧洲关键基础设施清单[6]。空间部门作为关键基础设施的作用正在迅速从纯科学任务转变为未来经济的积极参与者。基础设施的作用似乎随着时间的推移而发生变化，以前被视为非关键的系统现在被视为关键系统。因此，建议将空间工业作为关键基础设施的典型例子；至少在短期内，如果不能由另一个系统替代，则会导致以互联方式创建、以提高效率为目的的多个基础设施发生系统故障。

人们确定了可运行、受威胁、易受攻击和不可运行等4种关键基础设施状态。现代基础设施网络不是孤立运行的，它们是相互依存的，这意味着故障可能会在部门之间传播。我们可以观察到结构和动态复杂性。异质性是结构复杂性的一个共同特性，它指的是系统结构中各要素、各要素之间相互联系和作用的差异，通常具有高连接性内核和低连接性外围节点[7]。例如，电网是异构网络的典型例子。然而，异质性在现代空间系统中并不占主导地位，尽管地球静止轨道（GEO）通信卫星可以被视为具有更高层次结构的卫星。动态复杂性的特征是自组织性、涌现性和适应性。自组织代表复杂系统的一个特定动态特征，它相当于自行将其孤立的元素和子系统重新组织成连贯模式的能力，而无须外部或中央权威的干预[8]。当微观层面上系统各部分之间相互作用而动态导致[9]宏观层面上出现连贯的涌现情况时，系统就会表现出涌现性。而这种涌现情况是由正如De Wolf, T.和Holvoet, T.所总结的那样，有4个学派研究了涌现[10]。适应性与利用长期记忆经验调整系统结构和行为以应对外部压力的能力有关。本书8.3节在给出空间系统弹性分析的推论时，考虑了这些特性。

下面给出几种类型的相互依赖性[11]：

（1）物理上。如果一个基础设施的状态取决于另一个基础设施的输出，则两个基础设施在物理上是相互依赖的。

（2）地理上。如果一个局部环境事件可以导致所有基础设施的状态变化，那么这些基础设施在地理上是相互依赖的。

（3）网络上。如果基础设施的状态依赖于通过信息基础设施传输的信息，则该基础设施具有网络相互依赖性。

（4）逻辑上。如果一个基础设施的状态通过物理、网络或地理连接之外的机制依赖于另一个基础设施的状态，那么这两个基础设施在逻辑上是相互依赖的。

（5）政策。在一个系统中生效的政策/程序的形式变化会影响另一个系统。

（6）社会。基础设施运营受到公众舆论的影响。

很明显，最后4种类型的相互依赖关系与所研究的问题相关。虽然听起来地理上的相互依赖也与所研究的问题有关系，但事实并非如此。空间天气是一种危害，这是一个相关的例子。尽管空间天气危害可能同时影响空间资产和地面关键基础设施，但物理机制不同。空间天气对卫星的影响导致微电子翻转率增加，并产生静电充电危害[12]。影响的严重程度取决于空间天气表现类型和资产特性。国家海洋和大气管理局（NOAA）引入了一套指数系统，用于描述太阳辐射风暴（S指数）和地磁风暴（G指数），每个指数都是从1（小）到5（最大）。显然，空间天气对卫星有害，对地面关键基础设施不构成威胁或威胁非常小。据信，与日冕物质抛射引起的卡林顿型风暴相比，卫星更容易受到快速太阳风流事件的影响[13]，而卡林顿型事件则是现代电网最可能遭遇的灾难情景。作者在进一步分析中排除了基础设施地理上的相互依赖性。

当系统组合在一起时，每个系统的关键要素成为所有系统的关键要素，因为某个系统的部分故障可能会外化给其他系统[14]。Rinaldi, S.等[11]还指定了故障类型，包括：级联故障，即一个基础设施中的故障导致另一个基础设施中的失调；升级故障，即一个基础设施中的故障加剧另一个基础设施中相互依赖的失调；共同原因故障，即两个或多个基础设施同时因共同原因被扰乱。很难预测同时发生的故障在导致休眠以及先前隐藏的相互依赖路径在破坏性和协同性地放大故障方面所发挥的作用[15]。有一种趋势是使用建模和仿真技术来揭示基础设施之间的相互依赖关系，如网络拓扑[16]、图论[17]、多区域戴维南等值[18]等。相互依赖可以是单向的，也可以是双向的，一个组件可通过某些链路依赖于另一个组件，而后面的组件同样通过相同和/或其他链路依赖于前一个组件[7]。

基础设施间灾难的分析对于解决以下问题非常重要：①就有形资本损失和

服务流中断而言的物理基础设施故障的过程和后果；②在更广泛的宏观经济部门造成的业务中断和经济损失[19]。人们对基础设施间灾难的观测很少且不完整。一些国家可能已经开发了详细的模型，但并未对外公布。

2016年2月，由60个国家和20个组织运营的近2000颗卫星在环绕地球运行，在过去4年中，卫星数量增加了700个。与旧空间时代卫星典型质量在500～2000kg相比，新空间时代卫星的质量下降到200kg甚至更小。发射设施景观也发生了变化。除了一些已建立的发射场，还开发了新的发射系统和拼车方案。根据任务目标的不同，它们可以被放置在不同的轨道上，如低地球轨道（LEO）、中地球轨道（MEO）、地球静止轨道、极地轨道、闪电轨道（Molniya）、苔原轨道（Tundra）、太阳同步轨道或拉格朗日点。图8.1给出了低地球轨道、中地球轨道和地球静止轨道的常见轨道高度。

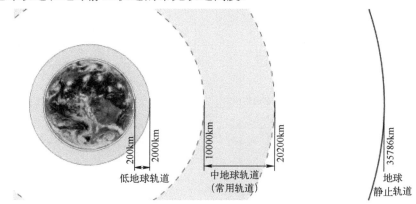

图8.1 按高度对常见的地球轨道进行分类

例如，在地球静止轨道上放置卫星会提供相当大的单星覆盖面积，而在中地球轨道上放置一组卫星才能实现同样的覆盖面积。然而，空间基础设施不只包括卫星。整个空间资产范围如下：

（1）全球导航卫星系统（GNSS）。代表着对广大地面关键基础设施而言最关键的资产之一。

（2）通信卫星（COMM）。对现代经济和社会福祉的影响令人震惊。它们对于依赖可靠通信的地面关键基础设施的正常运行非常重要。

（3）地球观测系统。包括定期监测环境威胁和极端天气模式，并提供早期预警的遥感和气象卫星（METEO）。

（4）空间探测器。用于探测任务，位于地球附近。可以说，它们对地面关键基础设施的影响很小。然而，某些空间探测器负责空间天气预报。

（5）运载火箭和空间站。不会直接影响地面关键基础设施。

（6）小型化卫星。可以执行各种功能。尽管它们在制造技术、可获得性和相对较低的成本方面具有较好的可承受性，使它们成为包括上述全球导航卫星系统、通信卫星和气象卫星在内的许多应用蓬勃发展的解决方案，但仍处于发展初期。这些小卫星是新空间时代的支柱。

几乎所有地面关键基础设施都依赖于空间资产的可靠运行。基础设施间故障场景如图 8.2 所示。这些模式反映了不同关键基础设施的运行状态。如果某个部门的模式为空白，则表示基础设施主要处于边缘依赖状态的情况。这三种场景分别表示全球导航卫星系统（GNSS）、通信卫星（COMM）或气象卫星（METEO）损失的情况。所有这些都对应于其中一种危害触发的最坏情况。小卫星的数量以及它们所承载的功能数量正在迅速增长。目前，地面关键基础设施对它们没有很强的依赖性。然而，随着巨型星座的出现，情况正在迅速改变。

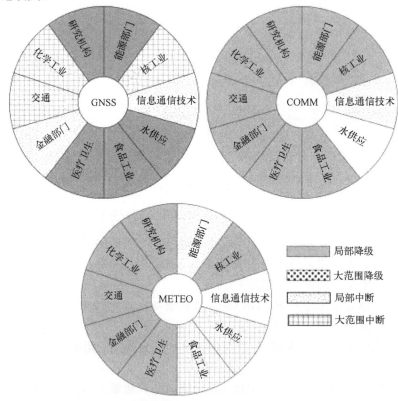

图 8.2 多个空间资产损失导致的地面重要基础设施破坏

地面站是另一组空间资产，实际上是地面基础设施。它们监视和控制空间资产的健康和状态，发送命令并接收数据。将地面站看作空间资产，通过影响地基技术和自然危险扩大了危害清单。然而，人们通常会建立备用控制中心这样的冗余能力。因此，图 8.2 中所示的关键基础设施降级场景保持不变。

许多研究表明，空间资产损失可能对其他部门产生重大的经济影响。天气预报就是一个很好的例子，它对多个行业都有深远的影响。这一认识，加上来自多颗卫星的数据，提高了预测厄尔尼诺现象回归的能力，然后可向世界各地对天气敏感的行业发出预警，提示他们所在地区遭遇异常天气现象的风险增加[20]。准确的天气预报对于通过电网管理（特别是对过载条件的密切监测）保持向用户供电的可靠性至关重要。更精确的地面天气预报设施的效益价值是巨大的，在电力行业中经常可以达到数百万美元[21]。

自然灾害管理从空间基础设施中的受益更加明显。天基观测使地球被视为一个集陆地、水、大气、冰和生物过程于一体的动态综合系统，而卫星通信则使全球连接成为可能[22]。极端天气和气候事件是基础设施损坏的主要原因之一，导致大规模连锁性服务中断，或者终端用户需求波动导致供应不足的风险[23]。过去 40 年中每年发生的事件数量和相关损失的分析显示出上升趋势，"极端天气事件"和"重大自然灾害"的风险等级在世界经济论坛（WEF）制定的风险矩阵中逐年增加。由于 10 年内全球风险的定义和集合随着出现的新问题而不断演变，因此全球风险在不同年份之间不具有严格的可比性[24]。

全球导航卫星系统损失对英国的影响可以作为一个案例研究。在"当今依赖全球导航卫星系统的英国"，全球导航卫星系统损失的经济影响在 5 天内估计为 52 亿英镑，包括 17 亿英镑的总增加值（GVA）效益损失和 35 亿英镑的公用事业效益损失[25]。受影响最大的三个部门是地面运输、紧急和司法服务以及海上运输。例如，在停机期间，海上运输将面临所有常规港口运行以及集装箱装卸的中断。它们总共占所有影响的 67%。

一般而言，与系统损失相关的经济成本可分为以下三类：

（1）直接成本。通过直接成本的计算，可以深入了解受影响的业务销售收入。直接成本评估的第一步是确定"影响领域"。为了得出每个影响领域的直接成本和收益，可以对以下类型的成本进行区分：①生产成本结构的变化（投入结构或技术的变化）；②生产率的变化（相同投入量的产出变化）；③最终需求的变化（因供应减少而导致的需求变化）；④替换成本（重新安装受损资产和基础设施的投资）；⑤预防性支出（用另一个系统替换一项服务）；⑥公共支出的变化（转移和补贴，如损害赔偿）[26]。例如，影响领域可以通过国家投入产出表来表征，这些表通常按照 NACE（欧洲共同体的经济活动命名法）代码分类，如单个 NACE 部门代表一个影响领域；几个不同的 NACE 部门代表一个影响领域；从几个不同的 NACE 部门中选取一个新部门；单个 NACE 部门分为两个或多个子部门。

（2）间接成本，即由于以下原因导致的部门间接性性能退化：部门本身对经济的附加值（利润、税收等）减少；该部门的即期消费以及其他部门对服务和商品的需求减少；以及部门满足现有客户需求的责任减少。换句话说，上游和下游的间接冲击都将在供应商和客户之间一层接一层的经济供应链中传播[27]。间接损失值可以在由其他直接冲击间接造成的生产损失（下限界限）和某些自身未经历服务短缺的设施损失（上限）所限制的区间内变化。在计算间接或高阶经济损失的方法上仍然没有任何结果。

（3）产生与宏观经济相关的长期成本。三种主要方法是：①计量经济模型，利用统计方法分析一个地区过去的经济表现时间序列，以便预测未来的经济活动。②投入产出分析，以描述经济部门之间相互依赖关系的经济体投入产出表为基础。③可计算的一般均衡模型，该模型通过包括政府预算赤字规模约束在内的经济范围约束将各行业联系起来，超越了投入产出模型；对贸易差额逆差的限制；对劳动力、资本和土地可用性的限制；由环境因素引起的限制，如空气和水的质量等[28]①。

对于估算经济损失的正确方法，仍然没有达成共识。通常被称为投入产出分析的方法因为具备对间接或高阶经济损失建模的能力，近年来受到了广泛的关注。投入产出法产生了一整套相关模型，包括不可操作性投入产出模型、Ghosh 供给侧模型、动态投入产出模型、关键联系分析以及基于库存的模型等[30]。世界投入产出数据库（WIOD）是一个独特的数据源，提供了涵盖 43 个国家和 56 个经济部门的基础数据[31]。它对所使用的基础数据源和方法高度透明。这种分析的一个不可避免的缺点是缺乏精确的空间统计[22]。

空间资产损失可能在总体上具有全球影响，其影响可能超出特定国家（如拥有卫星的国家）的边界。人们可以将该影响与管道损失期间观察到的影响进行比较，这些管道携带的石油/天然气所属国远离采矿地，尽管这种情况主要反映了物理上的相互依赖性。这一事实推动了意识的增强，即使在非航天国家也是如此。那些不依赖空间系统运作的行业，即使在航天国家也不那么上心。有几个因素决定了灾难造成的经济损失。人均收入较高的国家经历的灾难事件数量相似，但这些事件造成的死亡人数较少[32]。风险厌恶者在不同的收入水平下会做出不同的风险回报权衡选择[33]。后一种提法确定了若干关键社会因素：教育水平较高、贸易开放程度较高的国家面对灾害的脆弱性较低；更强的金融部门和更小的政府规模（以政府支出占国内生产总值的比例衡量）与更低的灾难死亡人数相关。制度质量和国际开放能够减轻负面影响[34]。此外，比较贫穷的国家也不太可能采取应对危害的政策[35]。

---

① Akao, K.和 Sakamoto, H.提出了冲击后长期经济绩效评估的例子[29]。

此外，企业需要建立运营程序，以便在需要时监测和启动应对措施，从而产生间接成本。可以对两种成本进行区分：事前成本，用于减轻灾难；事后成本，用于应对后果[36]。然而，减缓措施的经济效益可能超过事后成本[37]。重要的是要注意，利益相关者不应该只是意识到灾难性事件。脆弱性可能是由于许多较小影响导致的持续退化而引起的[38]。

8.2 天基基础设施的弹性定义和衡量指标

空间系统是专为在已知的最恶劣环境中运行而设计的。Sokolova，O.和Madi，M.[39]对空间资产面临的危害进行了概述。然而，边际生产率约束是决定新空间资产特征的主要因素。这意味着某项功能将由所要求的最少数量卫星来提供。因此，每颗卫星都成为极其脆弱的资产。这一事实甚至加剧了其重要性。一般来说，资产的可靠性要求取决于其对系统安全性的影响程度。然而，每个任务的独特性增加了统一可靠性协议的实现复杂程度。由成本可靠性标准驱动的总质量、组成材料和施工程序限制对于每个任务都是独特的。对空间碎片威胁的共同理解是提高该部门弹性的第一步。

大多数风险评估采用 ISO 31000 规定的方法[40]。本标准提倡将风险识别作为风险管理的第一步。总的来说，风险管理范式包括分析、评估、研究/控制、交流和监测 5 个相互关联的阶段。风险和不确定性的确定在第一阶段完成，随后在评估阶段进行识别。第二阶段还致力于评估风险和减少不确定性的选项。第三阶段包括两个平行的行动，如研究，以减少和控制不确定性，也就是以减少和控制风险为目标。风险和减缓管理在第四阶段转交给利益相关方。对风险假设的持续确认/修改是在最后阶段进行的。图 8.3 给出了风险管理范式的图形表示。

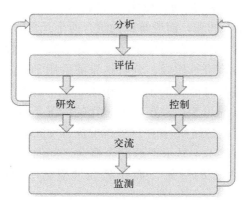

图 8.3　风险管理范式

在基础设施评估方面，应接受两个推论：①应该用明确定义的目的和相关的利益相关方目标来表征被研究的系统[41]；②应该把系统和环境放在一起研究，其中环境实际上是直接控制系统之外的任何事物，包括影响系统过程和行为的任何现象[42]。《国家基础设施保护计划》（NIPP）制定了一个风险缓解框架，这与其说是一种前瞻性方法，不如说是一种风险管理架构。它最初于2006年推出，并于2013年进行了修改。风险管理框架如表8.1所示。

表8.1 风险管理框架

阶段	相关行为
设定目标和目的	（1）为基础设施安全和弹性制定广泛的目标； （2）通过联合规划努力确定集体行动
确定基础设施	分析相关依赖性和相互依赖性
评估和分析风险	（1）促进信息共享； （2）运用知识促进风险知情的决策
实施风险管理活动	（1）快速识别、评估和响应事件期间与事件之后的级联效应 （2）促进事件发生后的基础设施、业界和区域恢复
度量有效性	在演习和事件期间和之后进行学习与适应

在研究当前的风险管理和治理框架时，弹性是处理风险的一个关键策略[44]。这种转变的基本原因是突破传统的系统限制。事实表明，在建模程序中加入弹性概念可以得到更真实的结果。然而，人们观察到两个派别之间的区别：一个以风险为中心，另一个以弹性为中心，特别是在工程环境中[45]。某一系统的风险可描述为

$$\begin{aligned}风险 &= (A,C,U)\\ &= (A,U)+(C,U|A)\end{aligned} \quad (8.1)$$

= 事件的发生和相关不确定性 + 给定事件的结果和相关不确定性

式中：A 表示事件（危害、威胁、变化）；C 表示结果；U 表示不确定性。符号"+"不应解释为数学上的和，而应解释为组合两个元素的符号[45]。

常见的方法包括识别一系列单个风险、评估其可能性和后果，然后根据影响的严重程度对风险进行比较。分析结果随后用于风险矩阵构建，并在合理可行的情况下实施尽可能低的干预。相比之下，后来提出的脆弱性概念在管理基础设施时遵循的思想是，在合理可行的情况下尽可能有弹性。脆弱性是一个系统、子系统或系统组件由于暴露于危害（扰动或压力/压力源）而可能遭受伤害的程度。图8.4显示了这两个概念之间的区别。在风险概念中研究某一危害对系统性能的后果，而在脆弱性概念中则研究各种压力源的影响。

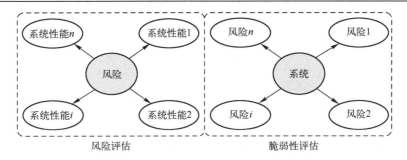

图 8.4 风险评估和脆弱性评估方法的区别

使用风险概念的缺点是它不能评估非线性/复杂风险[46]。复杂风险的因果关系只有在灾难发生后才能被"事后诸葛亮"式地理解。与因果关系可以提前理解的线性/复杂风险不同，随机方法适合于对非线性复杂风险的评估。这对空间碎片风险尤其重要。

对过度保护的系统设计、施工和维护的批评引发了弹性概念的普及。众所周知，保护级别的小幅度提高可能需要大量的额外成本。换句话说，就实际危害而言，达到所需的保护水平通常不具有成本效益。风险评估衡量与某些不确定性相关的潜在损失，弹性则是一个更宽泛的概念。弹性源自拉丁语"resilio"，字面意思是"回跳"[47]。1973 年，C.S.Holling 等[48]将弹性定义为衡量系统的持久性及其吸收变化和干扰，并在总体或状态变量之间保持相同关系的能力。在 Holling 之后，人们对弹性做出了许多解释。Francis，R.和 Bekera，B.[49]总结了弹性定义与每个定义的关键特性。联合国减少灾害风险办公室（UNDRR）给出了弹性的一般定义，即弹性是指暴露于危害中的系统、业界或社会及时有效地抵抗、吸收、顺应、适应、转化危害影响和从中恢复的能力，包括通过风险管理保持和恢复其基本结构和功能[50]。英国内阁办公室[51]强调，弹性系统能够吸取经验教训，调整其运作和结构，以防止或减轻未来类似事件的影响。

弹性系统被指定为由 4 个"R"组成的系统：

（1）鲁棒性（Robustness）——要素、系统的强度或能力，以及承受给定水平的压力或需求而不会出现性能退化或损失的其他分析度量，还包括强大的人力资源。它指的是极端事件之后的功能。满足此参数的目标是纠正设计问题，如不详细、约束不当或比较脆弱。

（2）冗余性（Redundancy）——在功能中断、退化或损失的情况下满足性能需求的能力。它指的是替代现有措施或系统的其他措施或系统，即

$$冗余性 = f（备用能力，1/访问时间） \qquad (8.2)$$

（3）快速性（Rapidity）——及时满足优先级和实现目标的能力，以控制损失、恢复性能并避免未来混乱。如式（8.3）所示，它代表了恢复阶段弹性曲线

的斜率。此外,它还显示了社会能够以多快的速度从这一事件中吸取教训。

$$快速性 = \frac{dQ(t)}{dt} \tag{8.3}$$

式中:$Q(t)$是一个性能级别。

(4)资源丰富性(Resourcefulness)——当存在可能破坏某些要素、系统或其他度量的情况时,识别问题、确定优先事项并调动外部替代资源的能力。它有时被认为是如何通过提供维持额外资源的措施来改善冗余,并通过事前投资来提高事后的快速性。

Panteli,M.和Mancarella,P.[52]给出了与事件相关的概念性弹性曲线,主要使用了三个级别的弹性①。R_0表示初始级别。如果初始弹性水平 R_0 高到足以承受极端事件,则系统可被视为弹性系统。R_{pe} 和 R_{pr} 分别表示事件后弹性水平和恢复后弹性水平。R_{pr} 级别可以与 R_0 相同($R_{pr}=R_0$)、更高($R_{pr}>R_0$)或更低($R_{pr}<R_0$)。恢复状态在 t_{pir} 时刻结束。系统的资源丰富性、冗余性和自适应自组织性等特征不仅定义了恢复后的弹性水平 R_{pr},而且定义了恢复状态的时间框架 $t_r<t<t_{pr}$。缓解行动的目标应该是在事件发生后减少弹性水平的降低程度(ΔR_0-R_{pe}),并缩短恢复时间($\Delta t_{pr}-t_r$)。

业界区分了两种类型的弹性。"运行弹性"是指在极端事件发生时,能够帮助系统保持运行强度和鲁棒性的特性。"基础设施弹性"是指一个系统最大限度地减少系统中受损、崩溃或普遍不起作用的物理强度[53]。

根据风险类型,可区分出特定方法和一般方法两种弹性建设方法。特定弹性是对已知风险而言,这些风险的影响在过去已经观察到,相应的风险评估以线性因果关系为基础[54]。世界经济论坛描述了建设特定弹性的策略[55]。详细阐述了针对特定冲击的弹性建设案例研究[56]。对新空间资产的威胁超出了经验范围。因此,一般弹性,即抵抗未知冲击的能力[57],更好地满足了新空间部门的需求。针对未知扰动建立弹性比针对已知类型扰动开展规划要困难得多,而且与任何管理策略一样,它也要付出代价[58]。建立一般弹性的方法必须自上而下和自下而上地同时进行。

总体而言,弹性框架以系统评估或系统增强为目标。在评估过程中,将根据给定的威胁和系统的 4 个"R"特性对系统进行评估。系统增强方法旨在确定令人满意的参数值、成本效益分析和利益相关者参与之间的平衡。增强战略按照基于运行的弹性或基于规划的弹性战略进行。

正如前面提到的,主要挑战之一是历史数据的局限性和稀缺性。尽管过去曾观察到威胁对空间资产的影响,但运行程序和性能评估算法的革命性变化使

---

① 见参考文献[52]中"与事件相关的概念性弹性曲线"图。

得人们很难将这些事件联系起来。历史告诉我们：

过去的极端事件可能不会导致现在的极端后果，反之亦然。

建议使用世界银行关于环境灾害管理的建议[59]制定一种通用的新空间弹性评估方法，具体如下：

（1）使灾害风险信息更容易获取。

（2）采取预防性措施。

（3）提供充足的基础设施和公共服务，以减少脆弱性。

（4）建立允许公众监督的备灾和救灾的机构。

衡量弹性指标的选择是通过回答以下问题来完成的：什么方面的弹性？对什么的弹性？为谁？目的是什么？在这种情况下，度量标准为监控、评估、报告和决策提供了坚实的基础。表8.2给出了进一步提高问题集精确度的例子。

表8.2 性能变量说明

类别	性能变量
什么方面的弹性？	
功能	系统功能：输出服务，要求，容量，能力
状态	系统状态：平衡
结构	系统结构：组件，关系，反馈，连通性，连通水平
退化	系统退化：脆弱性，损坏
损失	损失最小化：破坏，中断
增长	增长：增长轨迹/路径
对什么的弹性？	
中断	中断：扰乱，干扰，事故，扰动
变化	变化：变动，不连续性
事件	事件：事故，事件发生
损害	损害：灾难，紧急情况，负面影响，事故
故障	故障：错误，崩溃
不确定性	不确定性：不可预测性
风险	危害：危险，威胁，风险
弹性的目的是什么？	
预防	预防：回避，规避
适应	适应：重组，转换，调整，灵活性，创新
缓解	缓解：后果管理
改进	改进：增长
恢复	恢复：重建，向后/向前回弹，修复

新空间部门的弹性是一个跨学科问题。评估弹性的变量应取自以下领域：自然、工程、社会、经济和制度。与参考文献[60]类似，可以开发评估系统规划、吸收、恢复和适应能力的度量矩阵。这一选择得到了 Hosseini, S.等[61]定义的弹性领域的支持，如组织、社会、经济和工程。因此，应针对涵盖以下问题的一组指标执行增强弹性的方法校准：各利益相关者的利益考虑、弹性发展阶段的干预（可应用于一个或多个阶段）、威胁明细单、相互依赖性反应以及社会经济行为评估。

由于复杂自适应系统（如空间基础设施）的动态特性，我们对它的了解总是片面和不完整的。随着时间的推移，过程和系统属性不断发生变化。人们应该评估所选择的弹性指标满足其有效设计需求的程度。在第一步中，新空间部门的弹性可以用给定的通用矩阵集表示。系统的容量 R_C 可以用公式表示为

$$R_C = \frac{Q(t_D)}{Q(t_E)} \times \frac{Q(t_R)}{Q(t_E)} \times S_P \tag{8.4}$$

式中：$Q(t_R)$ 为恢复条件；$Q(t_D)$ 为损坏条件；$Q(t_E)$ 为正常条件；S_P 为恢复速度，定义为 $S_P=(t_D-t_E)/(t_R-t_E)$；t_R、t_D 和 t_E 分别是恢复完成时的时间、最坏损坏状态的时间和事件开始时的时间。

Henry, D.和 Ramirez-Marquez, J.[62]提出的指数考虑了从受损状态改善性能和从正常状态降低性能之间的弹性功能 $R_Q(t)$ 比例。该方法不考虑恢复速度。下式中给出了该参数的定义。

$$R_Q(t) = \frac{Q(t) - Q(t_D)}{Q(t_E) - Q(t_D)} \tag{8.5}$$

Ouyang M.和 Duenas-Osorio, L.[63]建议将实际性能 $Q_{actual}(t)$ 和目标性能 $Q_{target}(t)$ 之比作为瞬时弹性指数 R_{inst}：

$$R_{inst} = \frac{\int_0^T Q_{actual}(t)dt}{\int_0^T Q_{target}(t)dt} \tag{8.6}$$

式中：T 为观测周期。

增强弹性的策略可以按图 8.5 所示进行分类，沿着两条轴线，其中策略要么关注系统的弹性，要么关注其治理的弹性，或者关注系统结构或动态。系统结构和动态之间的区别对应于对保持弹性的过程和组织的关注，以及对动态交互系统的关注。专注于待治理系统与治理系统策略之间的区别，也可以解释为是从更具分析性的科学角度还是从管理或治理角度认识一个系统[64]。例如，Pelton, J.N.[65]提出了通过管理连通性水平来提高新空间弹性的策略。下一节将讨论"如何在政策过程中使用分析信息"的问题。

第 8 章 空间部门的弹性及其治理方法

图 8.5 增强弹性的策略[66]

8.3 从科学到风险治理

治理的概念产生于希腊语和拉丁语，具有指导艺术和治理艺术的内涵。根据系统的性质，存在大量治理视角。其主要有以过程为中心、以结构为中心、以国家为中心、混合型、公司治理、国际安全及其他等。这些视角确定了以下三个基本治理属性：

（1）方向——定义支持一致决策、行动、解释和战略优先事项的愿景。

（2）问责——包括确保有效的战略资源利用、性能监视和异常条件探索。

（3）监管——包括提供系统及其组件的控制、通信、协调和集成。

治理实践建立的速度取决于背景因素，包括要素数量和连通水平[67]、部件总数[68]、适当测量技术的存在[69]、信息总量[70]在内的技术特征。治理实践的建立远不是一个简单的线性过程，它涉及评估"未知的未知数"的需要。此外，"未知的未知数"可以超过"已知的未知数"，如空间碎片评估。

弹性建设从定义合理的最坏情况场景开始。利益相关者必须做好准备，以合理的成本确保关键基础设施的弹性。Pelton，J.N.[71]描述了空间安全的早期保护性步骤。其中包括使用与空中交通管制系统类似的系统，以及为空间碎片制订类似于发射保险的保险方案（关于风险转移机制的更多信息见 8.5 节）。

作者提出了以下关于长期弹性的建议。前 5 项建议侧重于灾害管理，而其他建议则侧重于提高系统的弹性。

建议一：使用现实场景分享对危害和相应威胁的共同理解。通常，研究三个重现期：10 年一遇、30 年一遇和 100 年一遇。众所周知，风险是发生概率和严重性估计的函数。危害的强度随着重现期的增加而增大。风险水平（以经济损失表示）由场景概率确定。因此，作者强调使用一致的现实场景集的重要性。参考情景的例子是伦敦劳埃德公司在年度现实灾难情景报告中发布的场景。目前呈现的是 15 年一遇的场景[72]。

建议二：建议也考虑重现期超过 100 年的事件。得出的结论是，明智的应急管理做法是根据历史数据，在最坏情况下制订应急行动计划[73]。然而，由于空间活动的时长比 100 年短得多，目前空间碎片危害评估缺少这些数据集。①

建议三：应进一步推动上一个步骤内取得的成果，并在每个政策领域实施基于共同场景的缓解战略。

建议四：强调必须在灾害发生之前制订、实施和实践紧急行动计划。这些应急计划应描述紧急修复和恢复行动、分配责任、确定资源并解决协调和沟通问题[74]。应为天基和相互连接的地基基础设施准备有关计划。研究表明，缺乏互助资源和非传统应答者的直接互操作性是一个众所周知的灾难响应挑战[75]。

建议五：空间资产的设计应考虑关键客户可靠运行的优先性。表 8.3 给出了如何描述重要客户以及如何将这些信息集成到应急管理中的示例。

表 8.3　如何对重要客户排序并将该信息纳入应急规划的例子

客户				空间基础设施			
名称	类型	位置	停机后果	空间资产	后果	能力	需求
—	—	—	—	—	—	—	—

建议六：建议从系统资产和设施加固转变到整个系统的弹性构建。传统的危害缓解策略侧重于根据评估的风险水平加固组件。这些措施可能过于昂贵或不切实际[76]。相反，构建弹性不是专注于防止单一危害造成的破坏，而是使基础设施在关键组件出现故障时能够继续运行，并在中断后迅速恢复运行。

建议七：在投资分析中考虑增加空间碎片污染的风险，不仅为了空间资产设计，也为了相互连接的地基基础设施。

改进空间碎片治理的挑战之一是开展有效的国际合作。处理这一问题需要空间大国和依赖空间系统可靠运行的国家采取集体行动。负责任地开展新型空间活动的国家规章和国际规范的匮乏是比发展与这种能力有关的技术问题更大的挑战[77]。在这种情况下，治理问题应该作为由不同属性的国家组成的系统之系统来研究。在基础设施保护方面，可选择的子系统有经济、人口、自然、政治、文化。此外，每个子系统都有一组指标的子部分。Gheorghe, A.等[78]给出了作为治理函数的基础设施脆弱性的评估方法。

虽然关键基础设施的运营商、所有者和政府都认为有必要进行弹性建设，但他们对弹性水平的看法可能存在分歧。政府的管理理念和政策文件在弹性评估方面差异很大。Alberts, D.和 Hayes, R.[79]指出需要考虑广泛类别的弹性，包括物理和信息系统基础设施，以及认知和社会系统与框架。

---

① 一般认为空间时代是从 1957 年的斯普特尼克 1 号卫星开始的。

值得特别关注的是，联合国外层空间事务办公室（UNOOSA）如何将弹性原则应用于正在出现的空间碎片威胁，以便在今后几年妥善治理这一问题。

为了研究这一点，我们利用 Linkov I.等[80]介绍的弹性矩阵框架，根据公开可获取并且包含"空间碎片"关键词这一标准，对联合国外空事务办公室的和平利用外层空间委员会（COPUOS）的科学和技术小组委员会（STS）和法律小组委员会（LSC）在 2000 年后发表的年度报告中弹性的时间和空间尺度进行比较。

空间碎片问题一直在联合国外层空间事务办公室公布的文件①中被强调，最早可追溯到 1978 年，但在 20 世纪 80 年代几乎被忽视，90 年代又重新出现，并在 2000 年后迅速发展。图 8.6 描述了 2000 年后联合国外层空间事务办公室下属（分）委员会的年度报告中"空间碎片"关键字的出现情况②。

本节研究了包含"空间碎片"关键词的联合国外层空间事务办公室年度报告，以通过任何形式直接使用"弹性"作为关键词。结果如图 8.7 所示。从这个分析中可以看出，弹性概念是一个新兴话题。值得一提的是，在《外层空间条约》（1967 年）、《营救协定》（1968 年）、《责任公约》（1972 年）、《登记公约》（1975 年）、《月球协定》（1979 年）等旧空间时代缔结的条约、公约和协定中，都没有提到"弹性"这一关键词。这表明，在旧空间时代，弹性几乎是不受关注的。

按照 Linkov I.等[80]的方法，对联合国外层空间事务办公室关于空间碎片的出版物以及《欧洲空间碎片减缓行为准则》（封面标有欧盟标志）、机构间空间碎片协调委员会的《空间碎片减缓指南》、国际电信联盟的建议、国际宇航科学院（IAA）的《空间交通管理研究》中直接和间接包含弹性时间和空间阶段的情况进行评分。弹性的 4 个时间阶段（规划、吸收、恢复和适应）定义如下：

（1）规划——定义组织为应对各种潜在威胁而准备关键功能和运行特征所采取的步骤。

（2）吸收——包括一个系统或组织在不破坏和维持一定功能的情况下吸收急性冲击或长期压力后果的能力。

（3）恢复——包括系统在遭到冲击后恢复其功能所需的时间和资源。

（4）适应——包括一个组织或系统"学习"和改进其在过去经验基础上吸收冲击并从冲击中恢复的能力。

---

① 可在联合国外层空间事务办公室的文件和决议数据库中公开查询[81]。

② 2020 年，由于新型冠状病毒的爆发，和平利用外层空间委员会第 63 届会议和法律小组委员会（LSC）第 59 届会议没有如期举行。

空间碎片危机——新空间时代的能力构建

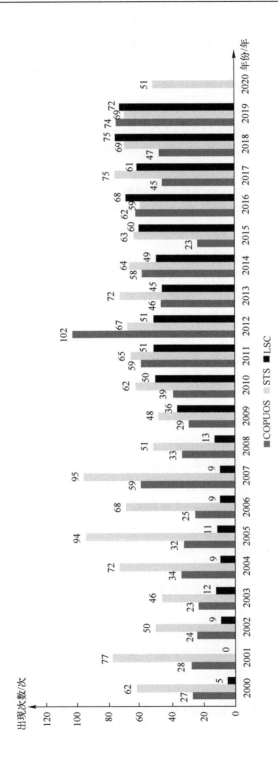

图 8.6 "空间碎片"关键词在联合国外层空间事务办公室（分）委员会在 2000 年后年度报告中的出现情况

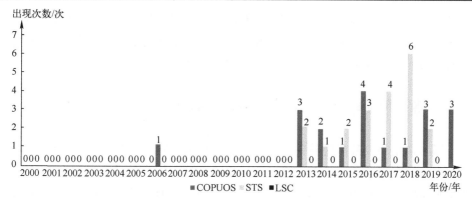

图 8.7 "弹性"关键词在联合国外层空间事务办公室（分）委员会在 2000 年后年度报告中的出现情况

每一份出版物也可根据弹性的三个主要空间领域进行评分，包括弹性的"物理""信息"和"社会"方面，定义如下：

（1）物理——表明弹性是在物理基础设施的背景下评估的。

（2）信息——揭示了关于信息流和数据在系统中向上移动讨论的弹性。

（3）社会——表明适用于社会行动的背景，使社会灵活面对冲击的弹性。

这一分析的结果如图 8.8 所示。

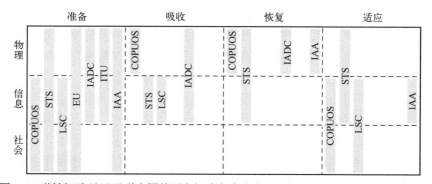

图 8.8 弹性矩阵显示了联合国外层空间事务办公室（COPUOS、STS、LSC）的空间碎片相关出版物、《欧洲空间碎片减缓行为准则》（封面标有欧盟（EU）标志）、机构间空间碎片协调委员会（IADC）的《空间碎片减缓指南》、国际电信联盟（ITU）的建议、国际宇航科学院的空间交通管理研究中有关弹性的直接时间（规划和准备、吸收、恢复和适应）和空间（社会、信息、物理）领域

弹性矩阵表明，尽管联合国外层空间事务办公室的所有（分）委员会和其他空间相关的国际组织都考虑了弹性的所有方面，但大多数将关注点放在所有三个空间领域的"准备"时间阶段，并重点关注"信息"领域。同样，准备好的指南内容并不始终涉及"吸收""恢复"和"适应"等弹性后续时间上的重要

阶段。一个显著的例外是联合国和平利用外层空间委员会的工作，它涉及所有时间和空间领域。这表明，联合国和平利用外层空间委员会正在发挥知识经纪人的作用，帮助分享和推进新空间时代弹性概念的战略思维。

8.4 将空间碎片作为系统性风险引入

通常，空间碎片风险被定义为一种新出现的风险，因为它难以量化，而且没有充分考虑它对业务的潜在影响。这是以空间碎片环境迅速变化、空间和地面基础设施之间的相互联系日益增强、用于问题评估和减缓的新技术不断发展等为基础的，然而"系统性风险"方法是一个更适合空间碎片风险评估的概念。系统性风险有时也称为网络风险，因为它产生于个体要素或代理人不同甚至冲突利益之间复杂的非线性因果互动。此外，每个要素或代理人都有其自身的风险组合。系统性风险的例子有2008年金融危机、流行病、网络安全、全球气候变化。系统性风险可以引起系统发生意想不到的大规模变化，或意味着系统面临无法控制的大规模威胁[82]。换句话说，其倾向于厚尾分布。

相互依赖性有关知识的缺乏，要求人们通过风险思考来寻找先进的问题解决方法。传统线性方法的应用有限。"femtorrisks"的概念强调了挑战风险评估标准方法的重要性[83]。在系统方法中可能存在许多相互竞争的解决方案，但没有明确的最佳方案，因此对它们的治理面临的挑战是确保风险管理过程的透明度、问责制和包容性，以及结果的有效性、稳定性、公平性和可持续性[84]。其中，一个解决方案是由Helbing, D.[85]提出的集体责任原则。

与关键风险相比，系统性风险不会引起同样的关注，而且往往被低估。经济合作与发展组织将关键风险定义为一种快速起效的事件，由于其概率和可能性而构成重大战略风险。另一种空间危害，空间天气，被经济合作与发展组织定义为未来的全球冲击[86]。因此，与空间威胁相关的关键基础设施弹性概念主要集中于地面关键基础设施，尤其是电网，它是当前现代关键基础设施的支柱[87-88]。各国政府制订了评估空间天气风险的方案，该风险包括在几个国家（美国、加拿大、芬兰、瑞典、挪威、英国、德国、荷兰、匈牙利）的国家风险组合中。他们规定了降低脆弱性的政策、做法和程序改进任务。

最近，经济合作与发展组织制定了关键基础设施弹性的改善治理框架，该框架考虑了关键基础设施面临的系统风险和相互关联的风险[89]。这一框架可以成为创建空间碎片风险评估实践的良好起点。然而，有两点需要注意：第一点由Bresch, D.N.[90]陈述："稳健预见的关键要素包括创新和实验。"第二点是在系统思维中，增强面向系统性风险的弹性是可能的。系统思维是复杂性理论的固有假设[91]。

8.5 结论：走向风险转移

处理空间碎片风险已成为空间资产所有者和运营商的日常业务。此外，避免碰撞对社会福祉造成灾难性影响是最重要的社会利益。经验表明，灾难性事件发生后的时间是采取行动的机会窗口。利益相关者为了避免未来同样的损失，急于采取成本更高的行动，以提高长期弹性。然而，灾难性事件缓解的经验（如2010年埃亚菲亚德拉冰盖火山爆发、2011年日本海啸、2012年桑迪飓风等）证明，预防比缓解更有益。总的来说，可以根据经济影响和事件发生的可能性对风险策略分类如下[92]：

（1）接受风险——如果成本效益分析确定降低风险的成本高于承担风险的成本，则响应性监视风险实践的活动。在这种情况下，最好的响应就是接受风险。

（2）转移风险——对于发生概率低，但经济影响大的活动，最好响应是通过购买保险、对冲、外包或建立合作关系，将部分或全部风险转移给第三方。

（3）缓解风险——对于可能发生但经济影响较小的活动。最好的响应是使用管理控制系统来降低潜在损失的风险。

（4）避免风险——对于损失可能性高、经济影响大的活动。最好的响应是避免这种活动。

风险从投保人转移到保险业，再转移到再保险公司，是保证经济稳定的有效机制。换句话说，共担风险降低了在给定时间内预期损失的不确定性。它有助于保持业务的连续性，特别是在发生影响广泛的事件时。《汉谟拉比法典》（公元前1750年）是最早记录保险的案文。几个世纪以来，商人们形成了一个风险池子来分散损失。劳埃德咖啡馆加强海事信息交流促进了保险业的发展。第一条记录是在1757年。欧洲各地的大火推动了再保险行业的发展：1842年汉堡大火之后的科隆再保险公司；1861年格拉鲁斯火灾后的瑞士再保险公司（Swiss Re）。这些严重的事件证明了再保险的必要性，尽管许多再保险公司的成立实际上是为了防止再保险保费从本地经济流向国外[93]。

事件场景是巨灾模型的基础，该模型用于指定要转移的风险数量和相应价格。巨灾模型是一种计算机化的系统，它生成一组可靠的模拟事件，并估计事件的等级、强度和位置，以评估损害数量，并计算灾难性事件造成的保险损失[94]。Grossi, P.等[95]给出了关键巨灾模型发展里程碑的识别方法，三方面都使用巨灾模型：承保原保单的保险公司、代表保险公司通过再保险保单将风险转移到一个或多个再保险公司的再保险经纪人，以及再保险公司。图8.9给出了巨灾模型结构的图形表示。

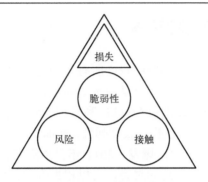

图 8.9 巨灾模型结构

任何巨灾模型都包含以下 4 个组成部分：

（1）危害——可能造成生命损失、伤害或其他健康影响、财产损失、社会和经济破坏或环境退化的过程、现象或人类活动。本章使用了两种类型的危害模型：确定性的（场景模型），由假设的初始建模条件确定，如历史危害事件或假设场景；概率模型，估计给定严重性事件的概率。与确定性模型相反，概率模型可为可信规模事件关联空间和时间风险。它们将历史数据与理论和统计模型相结合。与其他自然和技术危害相比，空间碎片危险的特点是数据点有限。然而，即使是更频繁的危害，保险公司也只有 10 年或 20 年的索赔时间序列。这是因为基本趋势，如风险敞口形势、基础设施可靠性标准、建设/维护成本发生了变化。

（2）风险敞口数据——巨灾模型的主要输入。可使用地理空间制图和概率建模相结合的方法对风险敞口进行评估。风险敞口数据的质量在世界各地和行业中差异很大。除了对象位置，还应考虑保险金额、主要和次要调节器。S 曲线法通常用于处理整个生命周期内风险敞口量的变化。通过将基于事件的模型与经济风险敞口数据库相关联，巨灾模型可以评估经济影响[96]。

（3）脆弱性部件——连接危害和风险敞口的部件。大多数脆弱性模型被安排为一系列损害函数，这些函数有助于查找作为总价值比率的危害强度和估计损害[97]。i 对象在 j 危险中产生的伤害比 $DR(i,j)$ 可表示为

$$DR(i,j) = \frac{修复费用}{总修复费用(i,j)} \tag{8.7}$$

（4）损失模块——脆弱性模块的输出。它将基础设施损害转化为保险费用，并通常表示为累积损失，即保险损失的全部金额，包括在应用任何保留或再保险之前的免赔额；保留（客户）损失，即需投保的损失；毛（总）损失，即再保险分出公司的损失金额，不考虑任何到期再保险补偿。关键是损失必须反映保险产品和机制的影响。损失模块的主要功能是：反映任何保险和再

保险保单条件；将位置覆盖损失汇总到更高层次（如政策或国家层次）；将高层次政策结构的影响反向分配给低层次，以便更详细地理解和总结高层次结构的影响；计算汇总指标，如年平均损失（AAL）、最大损失超越概率（OEP）和累计损失超越概率（AEP）曲线[97]。然后，巨灾模型应通过迭代验证过程。最后，应明确了解：

(1) 实现了哪些空间和时间分辨率?这个够高吗?
(2) 覆盖范围是如何校准的?
(3) 考虑哪些历史事件?为了模型创建?为了它的验证?
(4) 使用哪些危害度量?
(5) 不同地区和行业的损失数据有何不同?
(6) 风险敞口数据质量如何?
(7) 不确定性的来源和范围是什么?

从历史上看，保险公司针对卫星在发射或运行期间的故障，提供经验证和测试的财产保险产品，通常只补偿卫星的成本，而不补偿未来收入的损失[98]。不断变化的市场和环境条件决定了对新保险产品的需求。空间保险行业的领导者之一，瑞士再保险公司指出主要的挑战是找到一种方法来调和精心设计的保险产品，以响应星座运营商的定制要求，来应对如此大量的新卫星聚集在拥挤的低地球轨道上所带来的高风险[99]。轨道空间被认为非常大，相比之下，空间资产的规模非常小。尽管卫星的数量快速增加，碰撞后果非常严重，但碰撞的可能性仍然相对较低。评估空间碎片风险的工具正在不断发展，包括微流星体和近地空间碎片地球环境参考模型（MASTER）[100]的改进。根据上面给出的风险策略描述，最佳解决方案之一是风险转移。然而，在利益相关者明确回答"我们试图避免什么"和"我们试图解决什么问题"之前，保险是没有帮助的。

空间碎片问题与提高关键基础设施的弹性问题密不可分。行业、科学家、政策制定者和经济学家之间正在进行的对话应为下面的问题提供更多信息："未来事件会有多极端？""此类事件的预期频率是多少？"以及"预计会造成什么损害？"。现实和充分地回答这些问题是确定包含治理选项的适当弹性增强战略的灵丹妙药。应注意的是，为降低长期风险而采取的任何措施也会将短期风险的潜在增加降至最低。

缩略语

AAL　　Average Annual Loss 年平均损失
AEP　　Aggregate Exceedance Probability 累计损失超越概率
COMM　　Communication Satellite 通信卫星

COPUOS Committee on the Peaceful Use of Outer Space 联合国和平利用外层空间委员会

EU European Union 欧盟

GDP Gross Domestic Product 国内生产总值

GEO Geostationary Earth Orbit 地球静止轨道

GMD Geomagnetic Disturbance 地磁扰动

GNSS Global Navigation Satellite System 全球导航卫星系统

GVA Gross Value-Added 总增加值

IAA International Academy of Astronautics 国际宇航科学院

IADC Inter-Agency Space Debris Coordination Committee 机构间空间碎片协调委员会

ITU International Telecommunication Union 国际电信联盟

LEO Low Earth Orbit 低地球轨道

LSC Legal Subcommittee of COPUOS 联合国外层空间和平利用委员会法律小组委员会

MASTER Meteoroid and Space Debris Terrestrial Environment Reference 微流星体和空间碎片地球环境参考模型

MEO Medium Earth Orbit 中地球轨道

METEO Meteorological Satellite 气象卫星

NACE Nomenclature des Activités Économiques dans la Communauté Européenne 欧洲共同体的经济活动命名法

NIPP National Infrastructure Protection Plan 国家基础设施保护计划

NOAA National Oceanic and Atmospheric Administration 国家海洋和大气管理局

OECD Organization for Economic Cooperation and Development 经济合作与发展组织

OEP Occurrence Exceedance Probability 最大损失超越概率

STS Scientific and Technical Subcommittee of COPUOS 联合国和平利用外层空间委员会科学和技术小组委员会

UNDRR United Nations Office for Disaster Risk Reduction 联合国减少灾害风险办公室

UNOOSA United Nations Office for Outer Space Affairs 联合国外层空间事务办公室

WEF World Economic Forum 世界经济论坛

WIOD World Input-Output Database 世界投入产出数据库

词汇表

累积损失超越概率：一年中事件损失总和超过一定水平的概率。

年平均损失：一年内的预期损失成本。

成本/风险标准：损失和系统加固所需成本的标准。

关键基础设施：为经济、社会福祉、公共安全和政府关键职责的运作提供必要支持的基础设施，因此基础设施的中断或破坏将导致灾难性和深远的损害。

关键风险：由于其概率和可能性而造成战略上重大风险的快速起效事件。

损坏率：资产面临风险的估计修复成本除以资产的替换成本。

新出现的风险：一个被认为具有潜在重要性但可能没有被完全理解的问题。

风险敞口数据：表示要建模资产的数据。

治理：为确保灾难风险得到适当管理而实施的流程、控制和监督。

危害：可能导致生命损失、伤害或其他健康影响、财产损失、社会和经济破坏或环境退化的过程、现象或人类活动。地磁扰动（GMD）被认为是一种危害，由地磁扰动引起的停电是一种灾难。

责任公约：《关于外层空间物体造成损害的国际责任公约》（1972 年）。

缓解：为减少危害的影响而采取的行动。

月球协定：《关于各国在月球和其他天体上活动的协定》（1979 年）。

现实灾难场景：用于风险敞口管理的灾难场景。

弹性：面对长期压力、变化和不确定性，家庭、行业和国家吸收冲击并从中恢复，同时积极适应和转变其结构和生活方式的能力。

风险：在给定区域和参考期内，由于特定危害而造成的预期损失。

登记公约：《关于登记射入外层空间物体的公约》（1975 年）。

营救协定：《关于营救航天员、送回航天员和归还发射到外层空间的物体的协定》（1968 年）。

场景：建立在科学分析或专家知识基础上的可能事件的表示。

系统性风险：在单个要素或主体之间复杂相互作用过程中产生的风险，这些要素或主体有其自身的风险组合。

延伸阅读

Johnson-Freese, J. (2007). *Space as a Strategic Asset.* Columbia University Press.

Burch, R. (2019). *Resilient Space Systems Design: An Introduction.* CRC Press.

Linkov, I., & Trump, B. D. (2019). *Resilience and Governance.* In The Science and Practice of Resilience (pp. 59–79). Springer, Cham.

Lowe, C. J., & Macdonald, M. (2020). *Space mission resilience with inter-satellite networking.* Reliability Engineering & System Safety, 193, 106608.

参考文献

[1] A. A. Ghorbani and E. Bagheri. The State of the Art in Critical Infrastructure Protection: a Framework for Convergence. *International Journal of Critical Infrastructures*, 4(3):215–244, 2008.

[2] W. J. Clinton. Executive order 13010 – Critical Infrastructure Protection. *Federal Register*, 61(138):37347–37350, 1996.

[3] US Congress. Uniting and Strengthening America by Providing Appropriate Tools Required to Intercept and Obstruct Terrorism (USA PATRIOT ACT) Act of 2001. *Public Law*, pages 107–56, 2001.

[4] K. Gordon and M. Dion. Protection of "Critical Infrastructure" and the Role of Investment Policies Relating to National Security. *Investment Division, Directorate for Financial and Enterprise Affairs, Organisation for Economic Cooperation and Development, Paris*, 75116, 2008.

[5] O. Sokolova and V. Popov. Critical Infrastructure Exposure to Severe Solar Storms. *Safety and Reliability: Methodology and Applications*, pages 1327–1340, 2017.

[6] C. Directive. 114/EC of 8 December 2008 on the Identification and Designation of European Critical Infrastructures and the Assessment of the Need to Improve their Protection. *Official Journal of the European Union L*, 345(75):23–12, 2008.

[7] E. Zio. Challenges in the Vulnerability and Risk Analysis of Critical Infrastructures. *Reliability Engineering & System Safety*, 152:137–150, 2016.

[8] I. Granic and A. V. Lamey. The Self-Organization of the Internet and Changing Modes of Thought. *New Ideas in Psychology*, 18(1):93–107, 2000.

[9] S. Mittal. Emergence in Stigmergic and Complex Adaptive Systems: A Formal Discrete Event Systems Perspective. *Cognitive Systems Research*, 21:22–39, 2013.

[10] T. De Wolf and T. Holvoet. Emergence Versus Self-Organisation: Different Concepts but Promising When Combined. In *International Workshop on Engineering Self-Organising Applications*, pages 1–15. Springer, 2004.

[11] S. M. Rinaldi, J. P. Peerenboom, and T. K. Kelly. Identifying, Understanding, and Analyzing Critical Infrastructure Interdependencies. *IEEE Control Systems Magazine*, 21(6):11–25, 2001.

[12] E. Kilpua, H. E. Koskinen, and T. I. Pulkkinen. Coronal Mass Ejections

and Their Sheath Regions in Interplanetary Space. *Living Reviews in Solar Physics*, 14(1):5, 2017.

[13] R. B. Horne, M. W. Phillips, S. A. Glauert, N. P. Meredith, A. Hands, K. A. Ryden, and W. Li. Realistic Worst Case for a Severe Space Weather Event Driven by a Fast Solar Wind Stream. *Space Weather*, 16(9):1202–1215, 2018.

[14] M. J. Egan. Anticipating Future Vulnerability: Defining Characteristics of Increasingly Critical Infrastructure-like Systems. *Journal of Contingencies and Crisis Management*, 15(1):4–17, 2007.

[15] John S. Foster J., E. Gjelde, W. R. Graham, R. J. Hermann, H. M. Kluepfel, R. L. Lawson, G. K. Soper, L. L. Wood, and J. B. Woodard. Report of the Commission to Assess the Threat to the United States from Electromagnetic Pulse (EMP) Attack: Critical National Infrastructures. Technical report, ELECTROMAGNETIC PULSE (EMP) COMMISSION MCLEAN VA, 2008.

[16] I. Eusgeld, D. Henzi, and W. Kröger. Comparative Evaluation of Modeling and Simulation Techniques for Interdependent Critical Infrastructures. *Scientific Report, Laboratory for Safety Analysis, ETH Zurich*, pages 6–8, 2008.

[17] R. K. Garrett Jr., S. Anderson, N. T. Baron, and J. D. Moreland Jr. Managing the Interstítials, a System of Systems Framework Suited for the Ballistic Missile Defense System. *Systems Engineering*, 14(1):87–109, 2011.

[18] H. A. Rahman, J. R. Marti, and K. D. Srivastava. Quantitative Estimates of Critical Infrastructures' Interdependencies on the Communication and Information Technology Infrastructure. *International Journal of Critical Infrastructures*, 7(3):220–242, 2011.

[19] E. Koks, R. Pant, S. Thacker, and J. W. Hall. Understanding Business Disruption and Economic Losses Due to Electricity Failures and Flooding. *International Journal of Disaster Risk Science*, pages 1–18, 2019.

[20] R. A. Kerr. *Signs of Success in Forecasting El Niño*. American Association for the Advancement of Science, 2002.

[21] H. R. Hertzfeld, R. A. Williamson, S. Dick, and R. Launius. The Social and Economic Impact of Earth Observing Satellites. *Societal Impact of Space Flight*, pages 237–264, 2007.

[22] C. Jolly and G. Razi. *The Space Economy at a Glance*. OECD Publishing, 2007.

[23] S. Mukherjee, R. Nateghi, and M. Hastak. A Multi-Hazard Approach to Assess Severe Weather-Induced Major Power Outage Risks in the US. *Reliability Engineering & System Safety*, 175:283–305, 2018.

[24] World Economic Forum. *The Global Risks Report 2018, 13th Edition*. 2018, Geneva.

[25] Economics London. The Economic Impact on the UK of a Disruption to

GNSS. *Showcase Final Report, UK Space Agency*, 2017.

[26] G. Bachner, B. Bednar-Friedl, S. Nabernegg, and K. W. Steininger. Economic Evaluation Framework and Macroeconomic Modelling. In *Economic Evaluation of Climate Change Impacts*, pages 101–120. Springer, 2015.

[27] E. Oughton, J. Copic, A. Skelton, V. Kesaite, Z. Yeo, S. Ruffle, and D. Ralph. Helios Solar Storm Scenario. *Cambridge Risk Framework Series. Cambridge, UK: Centre for Risk Studies, University of Cambridge.*, 2016.

[28] P. B. Dixon and B. R. Parmenter. Computable General Equilibrium Modelling for Policy Analysis and Forecasting. *Handbook of Computational Economics*, 1:3–85, 1996.

[29] K. Akao and H. Sakamoto. A Theory of Disasters and Long-Run Growth. *Journal of Economic Dynamics and Control*, 95:89–109, 2018.

[30] S. Kelly. Estimating Economic Loss from Cascading Infrastructure Failure: A Perspective on Modelling Interdependency. *Infrastructure Complexity*, 2(1):7, 2015.

[31] M. Timmer, B. Los, R. Stehrer, and G. de Vries. An Anatomy of the Global Trade Slowdown Based on the WIOD 2016 Release. Technical report, Groningen Growth and Development Centre, University of Groningen, 2016.

[32] M. E. Kahn. The Death Toll from Natural Disasters: The Role of Income, Geography, and Institutions. *Review of Economics and Statistics*, 87(2):271–284, 2005.

[33] H. Toya and M. Skidmore. Economic Development and the Impacts of Natural Disasters. *Economics Letters*, 94(1):20–25, 2007.

[34] G. Felbermayr and J. Gröschl. Naturally Negative: The Growth Effects of Natural Disasters. *Journal of Development Economics*, 111:92–106, 2014.

[35] E. Cavallo and I. Noy. Natural Disasters and the Economy – A Survey. *International Review of Environmental and Resource Economics*, 5(1):63–102, 2011.

[36] E. Skoufias. Economic Crises and Natural Disasters: Coping Strategies and Policy Implications. *World Development*, 31(7):1087–1102, 2003.

[37] C. J. Schrijver. Socio-Economic Hazards and Impacts of Space Weather: The Important Range Between Mild and Extreme. *Space Weather*, 13(9):524–528, 2015.

[38] C. J. Schrijver, K. Kauristie, A. D. Aylward, C. M. Denardini, S. E. Gibson, A. Glover, N. Gopalswamy, M. Grande, M. Hapgood, and D. Heynderickx. Understanding Space Weather to Shield Society: A Global Road Map for 2015–2025 Commissioned by COSPAR and ILWS. *Advances in Space Research*, 55(12):2745–2807, 2015.

[39] O. Sokolova and M. Madi. A View of the New Space Sector Resilience. *Pro-*

ceedings of the 30th European Safety and Reliability Conference, ESREL 2020.

[40] G. Purdy. ISO 31000: 2009–Setting a New Standard for Risk Management. *Risk Analysis: An International Journal*, 30(6):881–886, 2010.

[41] B. S. Blanchard, W. J. Fabrycky, and W. J. Fabrycky. *Systems Engineering and Analysis*, volume 4. Prentice Hall Englewood Cliffs, NJ, 1990.

[42] L. Skyttner. *General Systems Theory: Problems, Perspectives, Practice*. World Scientific, 2005.

[43] P. F. Katina, C. B. Keating, and A. V. Gheorghe. Cyber-Physical Systems: Complex System Governance as an Integrating Construct. In *Proceedings of the 2016 Industrial and Systems Engineering Research Conference. Anaheim, CA: IISE*, 2016.

[44] O. Renn. White Paper on Risk Governance: Toward an Integrative Framework. In *Global Risk Governance*, pages 3–73. Springer, 2008.

[45] T. Aven. The Call for a Shift from Risk to Resilience: What Does It Mean? *Risk Analysis*, 39(6):1196–1203, 2019.

[46] B. Ramalingam, H. Jones, T. Reba, and J. Young. *Exploring the Science of Complexity: Ideas and Implications for Development and Humanitarian Efforts*, volume 285. Overseas Development Institute London, 2008.

[47] R. Klein, R. Nicholls, and F. Thomalla. Resilience to Natural Hazards: How Useful is This Concept? *Global Environmental Change Part B: Environmental Hazards*, 5(1):35–45, 2003.

[48] C. S. Holling. Resilience and Stability of Ecological Systems. *Annual Review of Ecology and Systematics*, 4(1):1–23, 1973.

[49] R. Francis and B. Bekera. A Metric and Frameworks for Resilience Analysis of Engineered and Infrastructure Systems. *Reliability Engineering & System Safety*, 121:90–103, 2014.

[50] United Nations Office for Disaster Risk Reduction (UNISDR). *UNISDR Terminology on Disaster Risk Reduction*. Geneva: United Nations, 2009.

[51] Cabinet Office. *Keeping the Country Running: Natural Hazards and Infrastructure*. London, 2011.

[52] M. Panteli and P. Mancarella. The Grid: Stronger, Bigger, Smarter?: Presenting a Conceptual Framework of Power System Resilience. *IEEE Power and Energy Magazine*, 13(3):58–66, 2015.

[53] M. Panteli, D. N. Trakas, P. Mancarella, and N. D. Hatziargyriou. Power Systems Resilience Assessment: Hardening and Smart Operational Enhancement Strategies. *Proceedings of the IEEE*, 105(7):1202–1213, 2017.

[54] D. J. Snowden and M. E. Boone. A Leader's Framework for Decision Making. *Harvard Business Review*, 85(11):68, 2007.

[55] World Economic Forum. Building Resilience to Natural Disasters: A Framework for Private Sector Engagement. 2008.

[56] B. Walker and D. Salt. *Resilience Practice: Building Capacity to Absorb Disturbance and Maintain Function*. Island Press, 2012.

[57] E. Hollnagel. *Safety–I and Safety–II: The Past and Future of Safety Management*. Ashgate Publishing, Ltd., 2014.

[58] J. D. Moteff. *Critical Infrastructures: Background, Policy, and Implementation*. DIANE Publishing, 2010.

[59] United Nations & World Bank. *Natural Hazards, Unnatural Disasters: The Economics of Effective Prevention*. World Bank Publication, Washington, DC, 2010.

[60] P. E. Roege, Z. A. Collier, J. Mancillas, J. A. McDonagh, and I. Linkov. Metrics for Energy Resilience. *Energy Policy*, 72:249–256, 2014.

[61] S. Hosseini, K. Barker, and J. E. Ramirez-Marquez. A Review of Definitions and Measures of System Resilience. *Reliability Engineering & System Safety*, 145:47–61, 2016.

[62] D. Henry and J. E. Ramirez-Marquez. Generic Metrics and Quantitative Approaches for System Resilience as a Function of Time. *Reliability Engineering & System Safety*, 99:114–122, 2012.

[63] M. Ouyang and L. Duenas-Osorio. Multi-dimensional Hurricane Resilience Assessment of Electric Power Systems. *Structural Safety*, 48:15–24, 2014.

[64] A. E. Quinlan, M. Berbés-Blázquez, L. J. Haider, and G. D. Peterson. Measuring and Assessing Resilience: Broadening Understanding Through Multiple Disciplinary Perspectives. *Journal of Applied Ecology*, 53(3):677–687, 2016.

[65] J. N. Pelton. Resiliency, Reliability, and Sparing Approaches to Small Satellite Projects. *Handbook of Small Satellites: Technology, Design, Manufacture, Applications, Economics and Regulation*, pages 1–15, 2019.

[66] R. Biggs, M. Schlüter, and M. L. Schoon. *Principles for Building Resilience: Sustaining Ecosystem Services in Social-Ecological Systems*. Cambridge University Press, 2015.

[67] J. T. Macher. Technological Development and the Boundaries of the Firm: A Knowledge-based Examination in Semiconductor Manufacturing. *Management Science*, 52(6):826–843, 2006.

[68] K. Singh. The Impact of Technological Complexity and Interfirm Cooperation on Business Survival. *Academy of Management Journal*, 40(2):339–367, 1997.

[69] J. S. Brown and P. Duguid. Knowledge and Organization: A Social-Practice Perspective. *Organization Science*, 12(2):198–213, 2001.

[70] E. Von Hippel. "Sticky Information" and the Locus of Problem Solving: Implications for Innovation. *Management Science*, 40(4):429–439, 1994.

[71] J. N. Pelton. A Path Forward to Better Space Security: Finding New Solutions to Space Debris, Space Situational Awareness and Space Traffic Management. *Journal of Space Safety Engineering*, 6(2):92–100, 2019.

[72] Lloyds. *RDS 2020 Realistic Disaster Scenarios Scenario Specification January 2020*. Lloyds, 2007.

[73] R. W. Perry and M. Lindell. *Emergency Planning*. Wiley, 2007.

[74] Direction Génerale de la Sécurité Civile et de la Gestion des Crises (DGSCGC). *Guide ORSEC Département et Zonal: Mode d'Action Rétablissement et Approvisionnement d'Urgence des Réseaux Électricite, Communication Électroniques, Eau, Gaz Hydrocarbures*. Paris, 2015.

[75] US Fire Administration. *Operational Lessons Learned in Disaster Response*. Federal Emergency Management Agency, 2015.

[76] N. C. Abi-Samra. One Year Later: Superstorm Sandy Underscores Need for a Resilient Grid. *IEEE Spectrum*, 4:321–354, 2013.

[77] P. Martinez. Challenges for Ensuring the Security, Safety and Sustainability of Outer Space Activities. *The Journal of Space Safety Engineering*, 6:65–68, 2019.

[78] A. V. Gheorghe, D. V. Vamanu, P. F. Katina, and R. Pulfer. System of Systems Governance. In *Critical Infrastructures, Key Resources, Key Assets*, pages 93–130. Springer, 2018.

[79] D. S. Alberts and R. E. Hayes. Power to the edge: Command... control... in the information age. Technical report, Office of the Assistant Secretary of Defense, Command and Control Research Program (CCRP), 2003.

[80] I. Linkov, B. D. Trump, K. Poinsatte-Jones, P. Love, W. Hynes, and G. Ramos. Resilience at OECD: Current State and Future Directions. *IEEE Engineering Management Review*, 46(4):128–135, 2018.

[81] UNOOSA. Documents and Resolutions Database (accessed on May 25, 2020). https://www.unoosa.org/oosa/documents-and-resolutions/search.jspx?view=documents.

[82] D. Helbing. *Systemic Risks in Society and Economics. International Risk Governance Council*. 2010.

[83] A. B. Frank, M. Collins, S. Levin, A. Lo, J. Ramo, U. Dieckmann, V. Kremenyuk, A. Kryazhimskiy, J. Linnerooth-Bayer, and B. Ramalingam. Dealing with Femtorisks in International Relations. *Proceedings of the National Academy of Sciences*, 111(49):17356–17362, 2014.

[84] S. Jacobzone, C. Baubion, J. Radisch, S. Hochrainer-Stigler, J. Linnerooth-Bayer, W. Liu, E. Rovenskaya, and U. Dieckmann. Strategies to Govern Systemic Risks. OECD, 2020.

[85] D. Helbing. Globally Networked Risks and How to Respond. *Nature*, 497(7447):51–59, 2013.

[86] Organisation for Economic Co operation and Development (OECD). *OECD Reviews of Risk Management Policies – Future Global Shocks: Improving Risk Governance*. OECD Paris, France, 2011.

[87] O. Sokolova and V. Popov. Concept of Power Grid Resiliency to Severe Space Weather. In *International Conference on Intelligent Systems in Production Engineering and Maintenance*, pages 107–117. Springer, 2018.

[88] O. Sokolova, P. Burgherr, Ya. Sakharov, and N. Korovkin. Algorithm for Analysis of Power Grid Vulnerability to Geomagnetic Disturbances. *Space Weather*, 16(10):1570–1582, 2018.

[89] Organisation for Economic Co operation and Development (OECD). *Good Governance for Critical Infrastructure Resilience*. OECD Paris, France, 2019.

[90] D. N. Bresch. Shaping Climate Resilient Development: Economics of Climate Adaptation. In *Climate Change Adaptation Strategies – An Upstream-Downstream Perspective*, pages 241–254. Springer, 2016.

[91] E. Ostrom and M. A. Janssen. Multi-Level Governance and Resilience of Social-Ecological Systems. In *Globalisation, Poverty and Conflict*, pages 239–259. Springer, 2004.

[92] N. T. Sheehan. A Risk-based Approach to Strategy Execution. *Journal of Business Strategy*, 2010.

[93] P. Borscheid, D. Gugerli, and T. Straumann. *The Value of Risk: Swiss Re and the History of Reinsurance*. OUP Oxford, 2013.

[94] Lloyd's Market Association (LMA). *Catastrophe Modelling: Guidance for Non-Catastrophe Modelers*. 2013, London.

[95] P. Grossi. *Catastrophe Modeling: A New Approach to Managing Risk*, volume 25. Springer Science & Business Media, 2005.

[96] R. Gunasekera, O. Ishizawa, C. Aubrecht, B. Blankespoor, S. Murray, A. Pomonis, and J. Daniell. Developing an Adaptive Global Exposure Model to Support the Generation of Country Disaster Risk Profiles. *Earth-Science Reviews*, 150:594–608, 2015.

[97] K. Mitchell-Wallace, M. Jones, J. Hillier, and M. Foote. *Natural Catastrophe Risk Management and Modelling: A Practitioner's Guide*. John Wiley & Sons, 2017.

[98] V. A. Samson, J. D. Wolny, and I. Christensen. Can the Space Insurance Industry Help Incentivize the Responsible Use of Space? *Proceedings of 69th International Astronautical Congress (IAC), Bremen, Germany, 1–5 October 2018.*, 2018.

[99] P. Chrystal, D. Mcknight, and P. Meredith. New Space, New Dimensions, New Challenges: How Satellite Constellations Impact Space Risk. *Publication no. 1507500_18_EN, Swiss Re, Zürich, Switzerland*, 2018.

[100] V. Braun. Impact of Debris Model Updates on Risk Assessments. In *Proceedings of the 1st NEO and Space Debris Detection Conference*, 2019.

第9章 机会之道

Matteo Madi

与我们过去所相信的相反,空间并不是无限的,但事实上空间仍然提供了巨大的机会窗口。从旧空间到新空间的重大转变开启了一场关于空间部门弹性如何的对话。根据联合国外层空间事务办公室的数据,目前70%的空间活动由私营部门主导。换句话说,70%的空间活动是在高度危险的环境下,在严格的边际生产率约束下进行的,这是由于目前的空间状况没有得到适当的管理,而且在低地球轨道和地球静止轨道都存在着重大的持续碰撞风险。这是一个发人深省的事实,表明了及时、准确、全面、高可用性和基于标准的空间态势感知的重要性。虽然我们今天在全球范围内面临着这一危险的挑战,但广泛利用先进算法、研究、众包和航天器运营商、政府和商业数据的数据融合,可以为应对这些空间态势挑战提供所需的关键能力和数据。实现长期的可持续性有助于10年内活跃航天器数量和我们对碎片数量了解的爆炸性增长。

就像气候变化等其他全球可持续性问题治理一样,在寻找充分和令人满意的答案以实现我们未来可持续发展的道路上,存在着各种障碍。因此,要成功地解决空间碎片这一双向可持续性风险,就必须承认两个关键方面:①它很难完成,需要一个彻底的国际合作方式,必须被视为一个全球范围的社会技术挑战,社会可能尚未完全具备应对能力;②有可能将这种风险视为一种机会和激励,以考虑外层空间作为一种环境在公众对外层空间和空间部门的认识与互动中的作用。然而,与环境可持续性的其他挑战相比,空间碎片具有一个得到有效遏制的决定性优势:它的"偏远性质"和"外层空间作为环境的社会地位尚未解决"。这可能会产生相当大的影响力,使利益相关方广泛参与空间碎片减缓和清除的进程,而且也会影响整个新空间的未来。

随着人们对空间飞行和卫星资产的兴趣重新高涨,可以而且应该鼓励公众参与寻找解决空间碎片问题的办法。例如,在空间碎片减缓方面,这可能意味着加强新的行为者群体评估下游对新空间应用需求的参与度、通过轨道提供服务的优先次序,甚至卫星星座本身的任务设计。同样,定期的公众参与为解决以下问题提供了充分的机会:"与外层空间环境的价值相比,可以接受的在轨碰撞风险水平是什么样的?""空间碎片再入造成伤害和损害的合理与正当的阈值是什么?""从轨道提供的哪些任务和应用是最有社会价值的?"虽然这些问题需要专业知识和专业经验来回答并将其纳入政策,但利益相关者的参与不仅可以带来以前可能未考虑到的"外部"观点,而且还可能加强真正具有全球影响力的标准和政策的合法性。

分析表明,在处理空间碎片方面,传统框架提供的帮助有限。《外层空间条约》(1967年)、《营救协定》(1968年)、《责任公约》(1972年)、《登记公约》(1975年)、《月球协定》(1979年)5项联合国旧空间时代的条约、公约和协定都没有令人满意地解决空间碎片的产生和增加问题。因此,虽然法律上的不确定性和争议依然存在,但已经制定了若干战略文本。机构间空间碎片协调委员会和联合国和平利用外层空间委员会的《空间碎片减缓指南》载有减缓的基本要素,并受益于高水平的执行。

针对空间威胁的关键基础设施弹性的概念主要集中于地面关键基础设施。然而,新空间基础设施作为一个新兴系统受到了关注,并正在演变为一个新的骨干系统,其可靠运行对社会福祉和经济稳定起着决定性的作用。在法律支持方面,联合国和平利用外层空间委员会发挥着知识经济人的作用,帮助分享和推动新空间时代的战略思维或弹性概念。处理空间碎片风险变得不仅仅是空间资产所有者和运营者的一项日常事务。避免碰撞造成的灾难性影响是首要的社会利益所在。空间资产损失的影响可能超越拥有卫星的某个国家的边界,在总体上影响全球。

补救措施目前受到以下法律困难的限制:①什么构成空间碎片的定义;②什么机制将允许在不违反国家管辖权的情况下清除空间碎片;③在补救行动中造成损害时可能产生的责任;④有关知识产权和国家安全的敏感问题。

总体而言,与空间碎片问题有关的风险可分为与空间碎片碰撞有关的风险和与空间碎片清除项目有关的风险两大类。空间碎片风险部分转移到了保险市场。不过,可以考虑采用更合适的解决办法,以便在减缓或清除碎片项目方面提供更好和更强的保护。一个更好的法律环境会给保险公司带来更多的安慰。

为了解决空间碎片问题并维持可持续和安全的地球轨道,重要的是通过主动清除现有的现场空间碎片来减少未来空间碎片的产生,因为后者可能会导致更多的碰撞和解体。需要改进各种技术,如空间碎片的现场识别、交会和引导以及机器人技术来主动清除空间碎片。同时,我们需要将这些技术实现的成本维持在较低的水平上,尽管它们需要提高自主性和性能。书中还介绍了一些协调技术要求、减轻实现压力的想法。然而,人们认为这些可能还不够,因为所需的技术正在广泛传播。因此,应该鼓励研究人员和工程师,尤其是年轻一代,研究主动清除碎片的技术。可持续和安全的地球轨道在一定程度上依赖于旨在应对这些技术问题的宏伟和独特的想法。

大规模空间碎片的话题正在非常迅速而有力地发展,特别是考虑到2009年两颗卫星相撞和近地空间反卫星武器试验的后果。所有大型空间物体都被编目,它们的轨道也一直受到监测。特别是在对此类目标的飞越方法及其捕获和固定方法方面开展了大量研究。在目前编目的空间物体中,大约11%是航天器生命周期中形成的碎片。应尽量减少空间硬件运行过程中产生的碎片数量。目前,各空间机构正在采取防止产生这种碎片的措施。关于低地球轨道和地球静止轨道的国际协定规定,大型空间碎片物体在其使用寿命结束时应离轨/转轨至处置轨道。但是,这些规则不能用于在这些协议通过之前已成为空间碎片的物体。

据瑞士再保险公司(Swiss Re)的数据,在过去8年中,地球静止轨道上的人造物体数量增加了约40%。虽然数量增加的部分原因是发射了且仍在运行的新卫星,但主要原因是空间碎片数量的增加。碎片数量的增长主要源于卫星解体。几乎每种类型的碎片都在增加,因为在地球静止轨道中没有天然的清洁机制(如大气阻力)。从积极的方面看,在地球静止轨道方面对转轨准则的遵守情况正在改善,卫星服务/清除能力似乎将在下一个10年出现。

部署在低地球轨道上的现代卫星要么配备寿命末期处置设施(如微型电推进系统(micro-EPS)、储备的化学燃料等),要么计划通过大气阻力逐渐脱离轨道(适用于较低轨道的卫星)。星座计划占据更高的低地球轨道,如果没有配备足够的机动推进能力,任何故障卫星都有可能成为碎片来源。因此,卫星星座的相关方要么为其卫星配备一个寿命末期处置套件,要么为其卫星的安全离轨寻找其他合作解决方案。

从商业角度来看,风险投资看重的是其投资的快速回报、高利润以及天基产品和服务进入市场的时间短。颠覆性技术创新将是新空间公司创造新市场并保持竞争力的唯一途径。因此,在提供在轨服务或碎片主动清除服务的公司中,有些公司拥有更具创新性的技术,这些技术具有可接受的技术成熟度,可以在短期内在功能不正常的卫星上实施,如地球静止轨道可作为一个利基即时市场,长远上可服务于低地球轨道的星座。关键问题是,"在卫星星座业务中,空间碎片清除方的作用是什么?"换句话说,"卫星星座方准备好与空间碎片清除方合作了吗?"只有在这种情况下,才可以设想会有短期效益。我们不应该忘记,在低地球轨道上的碰撞可能是灾难性的,而在地球静止轨道上的碰撞可能会导致任务终结。这也是为什么为地球静止轨道设计的空间碎片清除技术在新兴的空间市场受到高度关注的另一个原因。应该注意的是:"从减轻日常经济活动中断所造成的影响角度看,开发和维护基础设施的费用是合理的。"

值得一提的是,尽管空间界对通过不同方式为拥挤轨道上的大物体提供空间碎片清除服务具有很高的兴趣,但目前尚没有开展这种服务。预测哪些碎片主动清除技术领域发展得最好还为时尚早;已经有一些公司启动了各种空间碎片清除项目,并利用这些市场机会。在长远的未来,随着巨型星座的部署,可能会出现许多提供此类服务的公司。

空间碎片问题与提高关键基础设施的弹性问题密不可分。行业、科学家、政策制定者和经济学家之间正在进行的对话应为下面的问题提供更多信息:"未来事件会有多极端?""此类事件的预期频率是多少?"以及"预计会造成什么损害?"对这些问题的现实而充分的回答是确定包含治理选项的适当弹性增强战略的灵丹妙药。应注意的是,为降低长期风险而采取的任何措施也应尽量减少短期风险的潜在增加。

这些论点使我们认识到,空间碎片的危险实际上创造了许多新的机会,不仅在技术发展方面,而且在研发和保险部门领域创造了一个利基市场,它还作为国际对话的平台,以为新空间时代的全球可持续未来制定新的立法和政策。

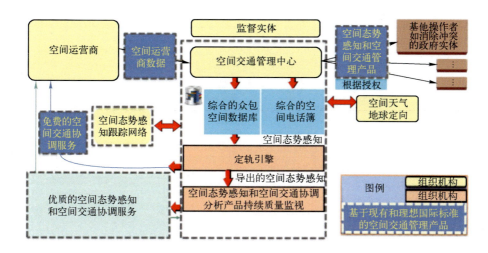

图 2.1 综合空间交通管理系统主要组成

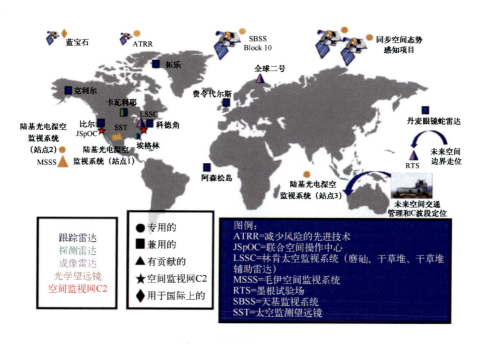

图 2.5 空间监测网配置

彩 1

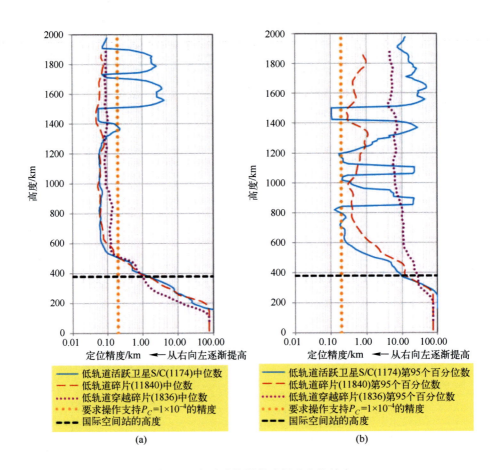

图 2.10 低地球轨道特殊摄动定位精度
（1～2 天时间间隔，中位数 95 百分位）

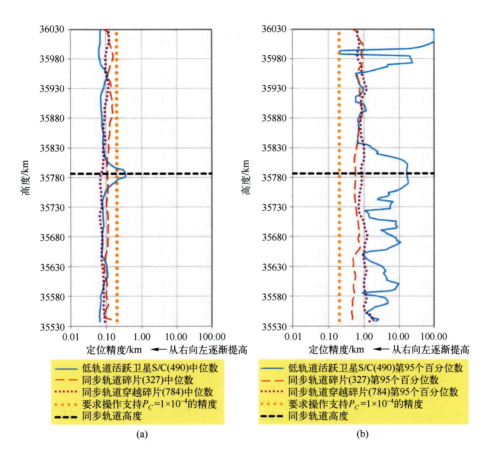

图 2.11 典型地球静止轨道特殊摄动定位精度

（1～2 天时间间隔，中位数和 95 百分位）

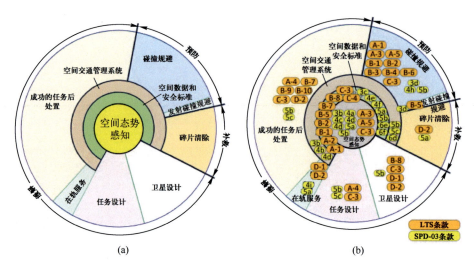

图 2.12 空间态势感知和空间交通管理是所有空间活动长期可持续性的基础和 21 条空间活动长期可持续性指南以及美国空间政策指令 3 在空间活动长期可持续框架的分布

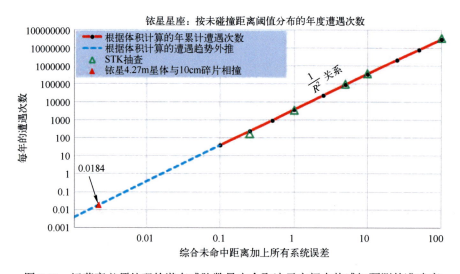

图 2.13 运营商必须处理的潜在威胁数量完全取决于空间态势感知预测的准确度

彩 4

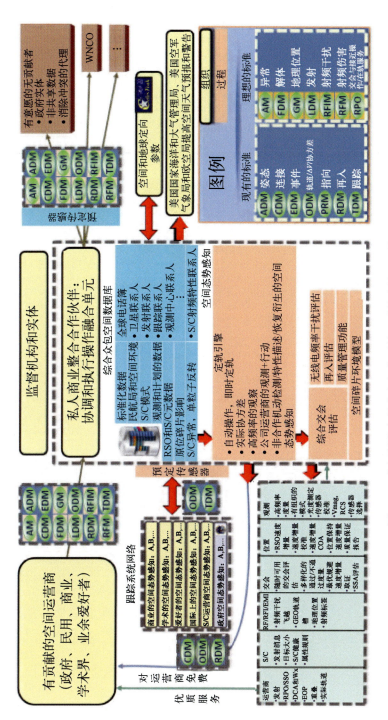

图 2.14 空间标准在综合空间交通管理系统中的重要作用

彩 5

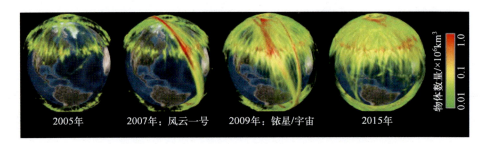

图 2.19 按来源的空间交通管理属性定义比较

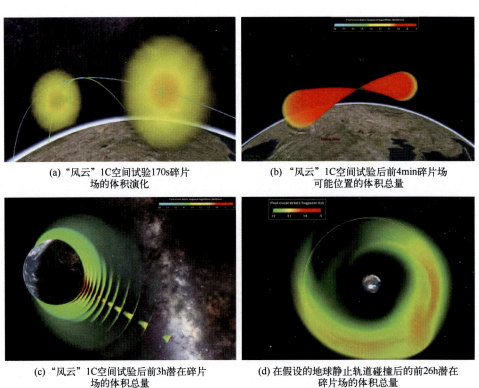

(a) "风云"1C空间试验170s碎片场的体积演化

(b) "风云"1C空间试验后前4min碎片场可能位置的体积总量

(c) "风云"1C空间试验后前3h潜在碎片场的体积总量

(d) 在假设的地球静止轨道碰撞后的前26h潜在碎片场的体积总量

图 2.20 "风云"空间试验和假定的地球静止轨道碰撞

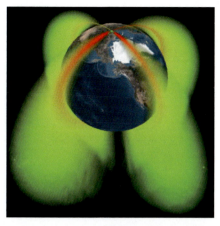

图 2.21 "铱星"33 号/"宇宙"2251 号碰撞后前 3h 期间碎片可能位置的体积总量

图 2.22 拟在 2019—2029 年建设且已提交申请的大型星座

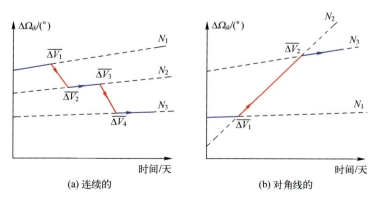

图 4.4 升交点赤经偏差演变画像

彩 7